KITTY
LANGUAGE

谨以此书献给我的爱猫，
曼波和希米。

读懂猫咪的语言

一本给铲屎官的图解指南

Lili Chin

［马来西亚］程丽莲 著绘

张璐 译

上海三联书店

目 录

前言 1

气味 1

耳朵 15

眼睛 29

胡须 41

尾巴 47

姿势 67

声音 91

友好行为 101

冲突或压力行为 117

游戏 131

致谢 147

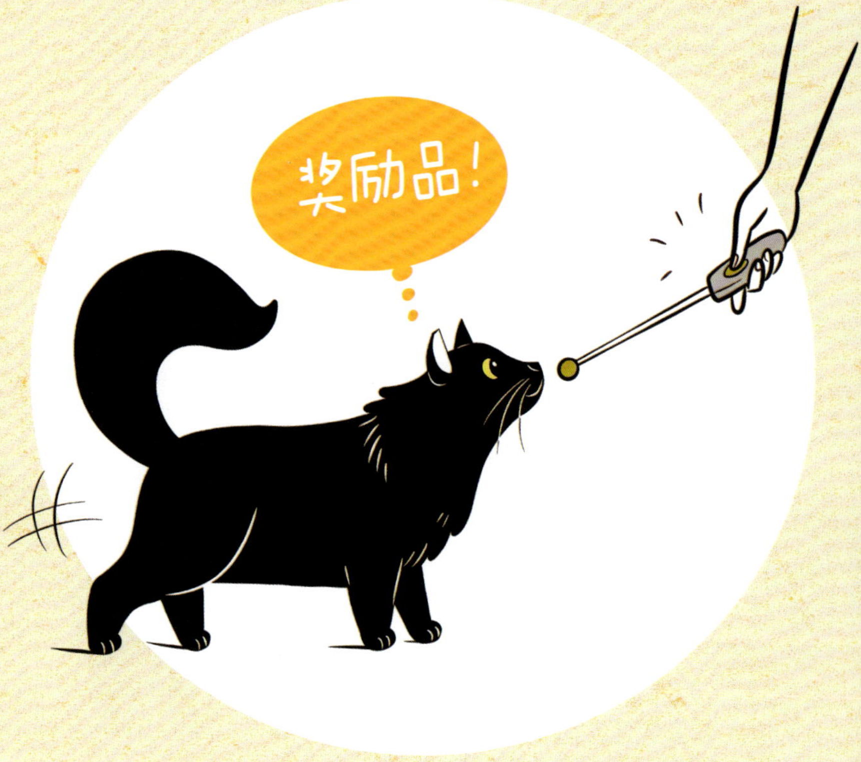
奖励品！

前 言

你好呀，爱猫人士！

在我和伴侣收养了两只猫咪后不久，我们毛茸茸的黑猫曼波就认定了我是他的那个特别之人。曼波很少让我的伴侣或其他任何人抚摸他，但是他四处跟着我，"呼噜呼噜"地高声招呼我，脸往我手上蹭，坐在我的东西上，看着我工作，在沙发上也贴着我。他还很喜欢我拿出益智玩具、训练响片和奖励品跟他玩游戏。我之前并没有期望能从一只猫身上获得这么多关注，所以我跟朋友开玩笑说，曼波表现得像只狗。

我永远忘不了我那位研究猫行为学的朋友愤愤回道："不是，他表现得就像只猫！"

我当时还是个养猫新手（此前倒是和狗共处了13年）。普遍观念认为，狗比猫更具社会性，更容易训练，我不禁开始怀疑这个观点。似乎但凡有网络热梗说狗是人类最好的朋友，就必然有梗会提到猫的冷漠、古怪或者凶残。

的确，猫这个物种向来是独来独往的捕食者，不过，最新的科学依据也证实了一个我们许多人已经从经验中得到的结论：猫其实是具有灵活社会性的动物，会依恋主人（就像小奶猫依恋猫妈妈一样），它们有自己表达喜爱、信任或需要"静一静"的方式。

其他物种（例如狗）表现的行为出现在猫身上时会有截然不同的意义。

撰写本书时，关于猫肢体语言的科学数据还是不如关于狗的多，不过，仍有相当数量已被验证的研究向我们展示了猫的交流方式。我的猫为什么要在墙角蹭脸、到处抓来挠去？我的猫是想被人抚摸，还是需要空间？我的猫是感到自信还是害怕，是轻松还是丧气？我的猫是在打闹还是在打斗？能够觉察并读懂猫的肢体语言是让你的猫咪在家里感到安全和开心的第一步。

那么，你应该关注些什么呢？猫会动用身体的每一个部位来表达情绪和感受，如面部、眼睛、耳朵、胡须和尾巴，还有不断变化的姿势以及动作的方向和速度。但是，要想真正了解一只猫在表达什么，你需要观察的不仅仅是它某一处身体部位或某一个姿势。如果是弓着背、尾巴毛乍开的猫一边后退一边发出咝咝声，那它可能是感到害怕。但如果猫咪在左右蹦来蹦去的话，那它大概只是觉得好玩罢了。

要学会识别猫咪的肢体语言，就要在具体情境中观察猫的动作，理解猫的行为与整体环境之间的联系。撰写和绘制这本小书让我了解到我的猫咪们是怎样互相交流以及与我交流的，也让我更加欣赏敏感、机智又善于表达的它们——还有猫这整个物种。愿阅读这本书能带给你同样的感受。

程丽莲

Lili x

谨记事项

1. 观察全身动作

　　即便只是在观察猫某处身体部位的变化，也要始终关注到猫全身的动作。

2. 观察情境

　　每种行为都有其目的，要想了解猫咪行为的含义及其原因，要观察行为发生时的情境。

3. 每只猫都是独一无二的个体

　　猫咪的行为也是由其年龄、健康状况、品种、性别、遗传和过去的独特经历决定的。比如，如果一只猫在还是一只小奶猫时就与人接触，那么它在与人打交道时的表现就可能和没有这些早期积极体验的猫不同。每一只猫在相似情境下表现各不相同是再正常不过的了。

观察全身动作

观察情境

每只猫都是独一无二的个体

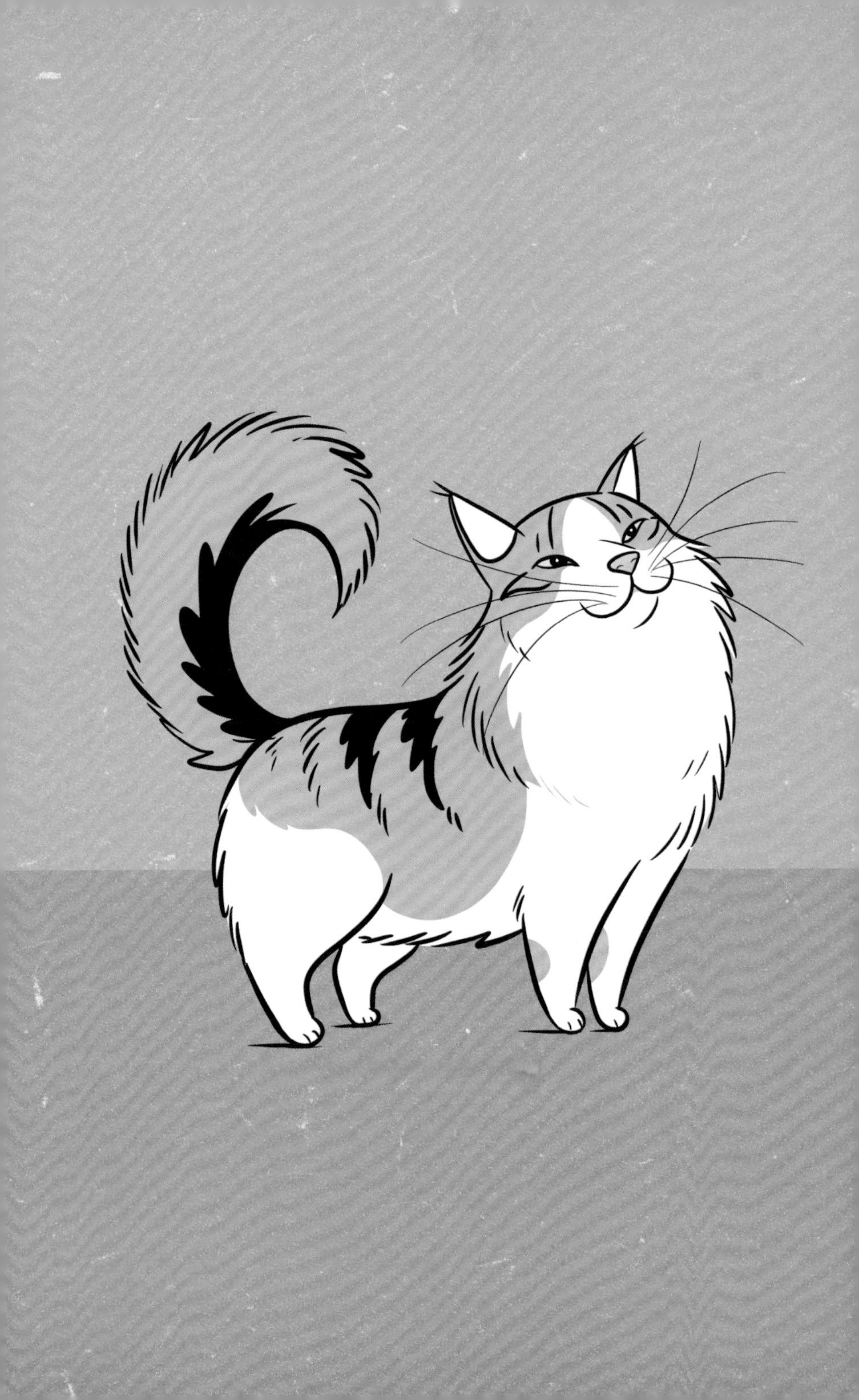

气味

我们人类虽然无法解读气味和信息素，但能够观察到猫的气味交流行为。

气味交流

　　每只猫都有标志气味。猫通过主要感觉——嗅觉——来认识彼此。

　　猫通过与猫朋友之间的皮肤接触来混合各自的标志气味，以此创造出一种群体气味，以便知道它们的朋友圈里都有谁。猫咪亲友群经常通过接触身体、睡在一起或互相舔毛来更新它们的群体气味。

　　如果一只猫离家了一阵子，回来时自己的气味被陌生味道掩盖住了，那么可能只有等它闻起来和家里的猫朋友一样后，才能被认出来。

闻一闻

蹭脸

来自颜面腺的气味

有猫来犯!

嘶嘶嘶!!!

嘿,是我,我就是去看了个兽医而已!

气味腺

猫面部和身上的气味腺能够释放可以被其他猫识别的化学物质——信息素。科学家仍在研究这些气味腺的具体位置,到目前为止,我们知道的有以下几处:

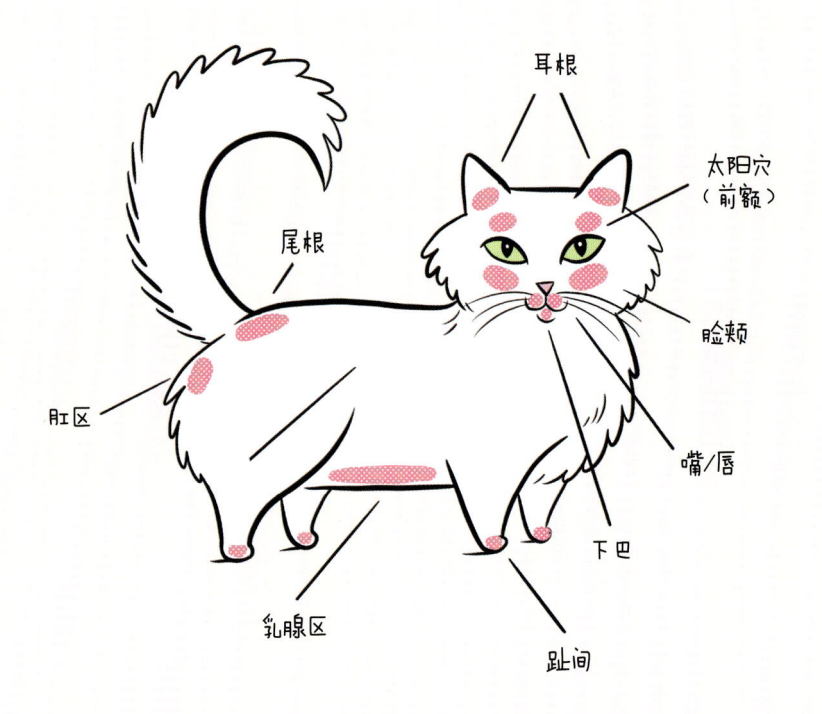

- 耳根
- 太阳穴(前额)
- 脸颊
- 嘴/唇
- 下巴
- 趾间
- 乳腺区
- 肛区
- 尾根

● 猫咪气味腺

气味标记

气味标记是指猫将化学物质（包括信息素）转移到家里和附近区域的东西上。这类行为是猫无论在哪里都能进行交流和感到安全的重要一步。

最近都有谁来过？

闻一闻

更新一下我的气味！

群体气味

蹭脸

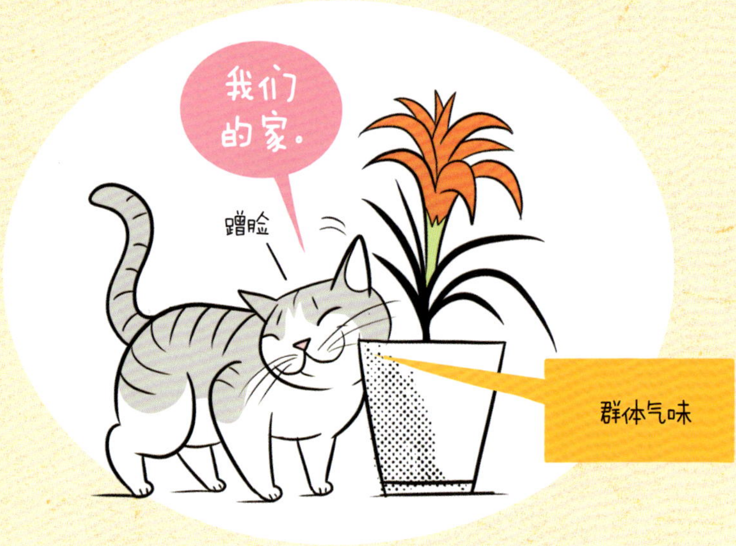
我们
的家。
蹭脸
群体气味

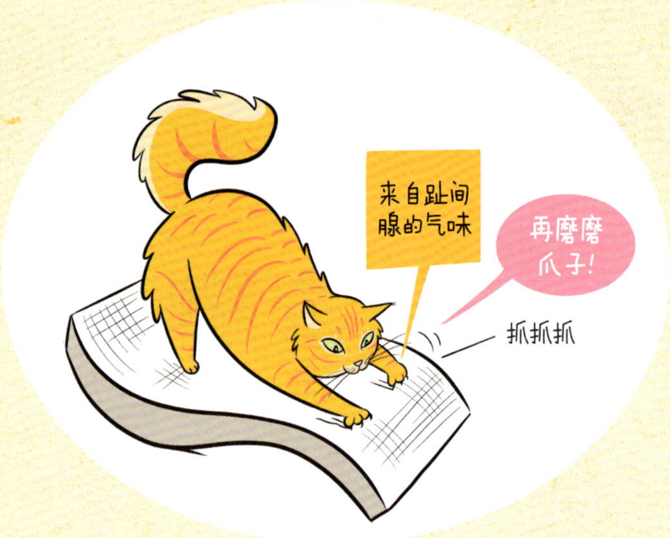
来自趾间
腺的气味
再磨磨
爪子！
抓抓抓

摩擦和抓挠动作

这是猫用来转移颜面腺和趾间腺中化学物质的行为。

视觉信号

- 在墙、家具等物体上摩擦脸和身体
- 用爪子揉捏或抓挠

你的猫咪此刻的感受或行为可能是

- 很开心，物体和地方闻起来让它熟悉和安心
- "我来过这里。"或"我住在这里。"
- 更新所到之处的时间标记和路标（气味浓度会随时间的推移而降低）
- 与其他猫分享气味信息

给日后留个参考……我喜欢这个地方。

来自颜面腺的气味

如 厕

　　猫咪厕所或猫砂盆是猫的标志气味或家庭群体气味最集中的地方。

　　事实上，如果猫砂盆上多了类似清洗剂和空气清新剂的强烈气味，猫可能会不愿意使用。

这是我们的猫砂盆！

群体气味（尿液、粪便）

排尿行为（尿液标记）

看似在撒尿，实则在表达不同的需求。

视觉信号

- 尾巴高高翘起，时而震颤（见第52页）
- 在垂直立面或高于地面的物体上排尿

你的猫咪此刻的感受或行为可能是

- 紧张、犹疑
- 需要重新找方向并确认自己在哪里
- "我家有些奇怪的变化！"
- "我得让这个地方有家的感觉。"
- 还没绝育的话，则是在通过气味信息求偶

我的家没有安全感！

震颤的尾巴

气味（尿液）

后脚踏步

气味处理
（裂唇嗅）

猫的交流以气味为基础。猫有两个嗅觉器官——鼻子和位于硬腭上方的犁鼻器（或称"雅各布森氏器官"）。

当猫咪用犁鼻器闻气味时，这种神情被称为"裂唇嗅反应"（也被叫作"臭脸""猫王唇"或"震惊脸"）。这时猫经常被误解为在生气，其实猫只是在处理气味而已。

标志气味
（肛门腺）

？？？

嘿，我认识你！

上嘴唇翘起

犁鼻器
（位于口腔中）

嘴微张

有趣……

张开的嘴
（下排牙露出）

视觉信号

- 上唇往上缩，下唇下垂微张
- 看起来像是目瞪口呆、面露讥笑或表情扭曲

你的猫咪此刻的感受或行为可能是

- "我正在了解更多信息……"
- 吸气并以高分辨率"品尝"气味
- 检测信息素

注意："裂唇嗅"并非猫独有的行为（马、犀牛、山羊、鹿、绵羊和狗也如此！）。这种行为因物种不同而呈现出差异。

寻味作乐

气味探测

和狗一样，猫的嗅觉也很灵敏，而且追踪和定位气味来源的能力很强。

在探测气味时，猫的行动速度通常比狗慢；在忙于分析气味时，猫还可能看起来表情冷漠（例如，停顿和目光呆滞）。

藏起来的奖励品

这个！

气味

甩—甩

停顿

猫薄荷反应

当猫咪闻到吸引它们的植物中的化学物质时,根据个体差异,它们可能会表现出以下常见行为。

视觉信号

- 在地上打滚
- 在植物上摩擦脸颊和下巴
- 流口水、摇头(见第124页),皮肤呈波状起伏(见第123页),游戏式抓挠、啃咬和兔子蹬(见第135页)

你的猫咪此刻的感受或行为是

- 温顺、放松
- 兴奋、激动

注意:并非所有猫咪都有猫薄荷反应或同样的视觉信号。

蹭脸

打滚

猫薄荷玩具

啃咬

蹬

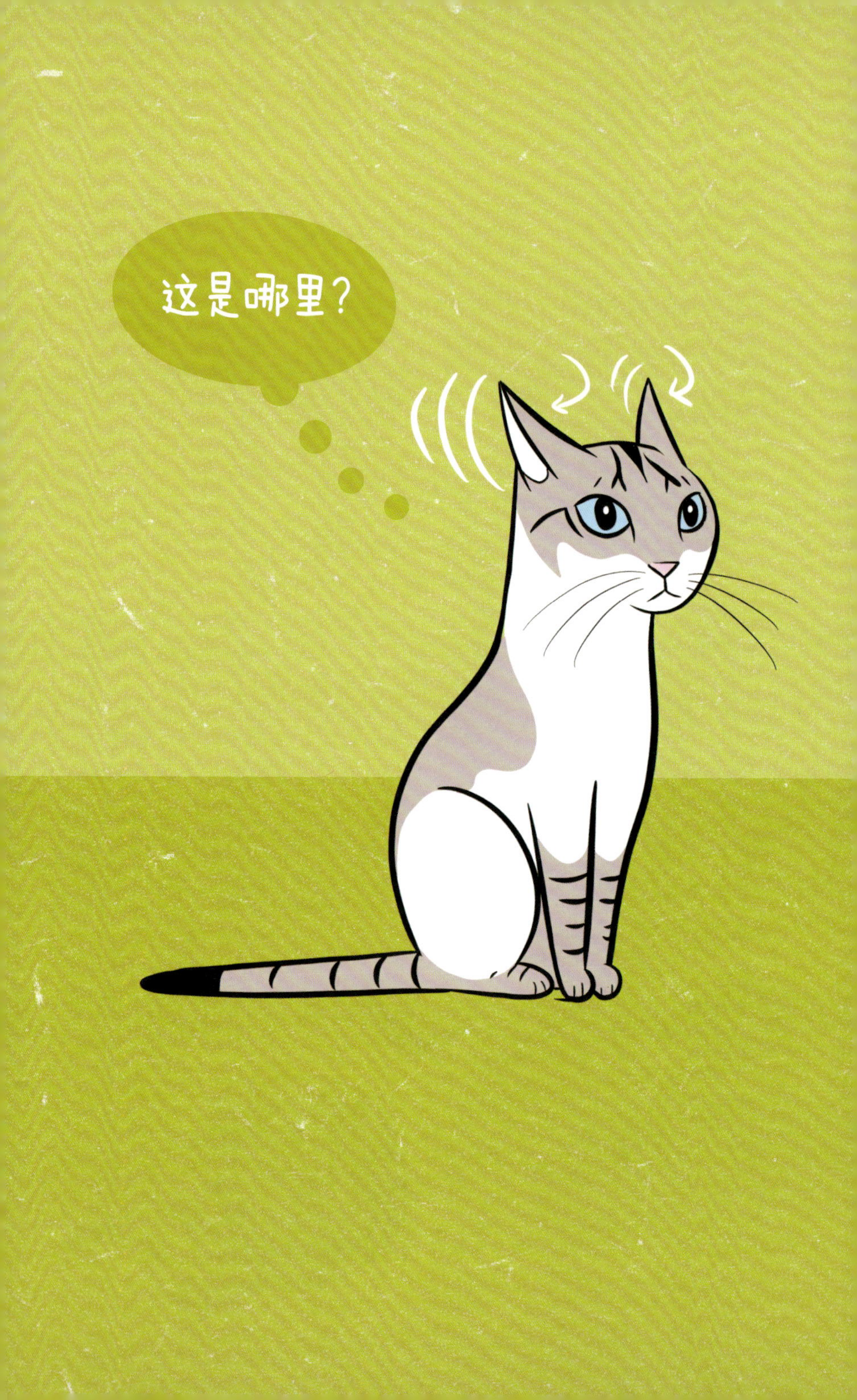
这是哪里？

耳朵

　　猫的听觉非常灵敏，耳朵是它们面部最具表现力的部位之一。猫的耳朵有32处肌肉，可以朝各个方向活动。

耳朵朝前

朝前的耳朵

这是大多数猫放松的耳朵姿势。

视觉信号

- 耳孔朝前
- 耳尖朝上,向两侧略微倾斜(角度因猫而异)

你的猫咪此刻的感受或行为可能是

- 惬意
- 舒适、放松
- 双耳竖直时,是对周围环境中的事物保持警惕

注意:耳尖距离越远,说明猫越感到不适。

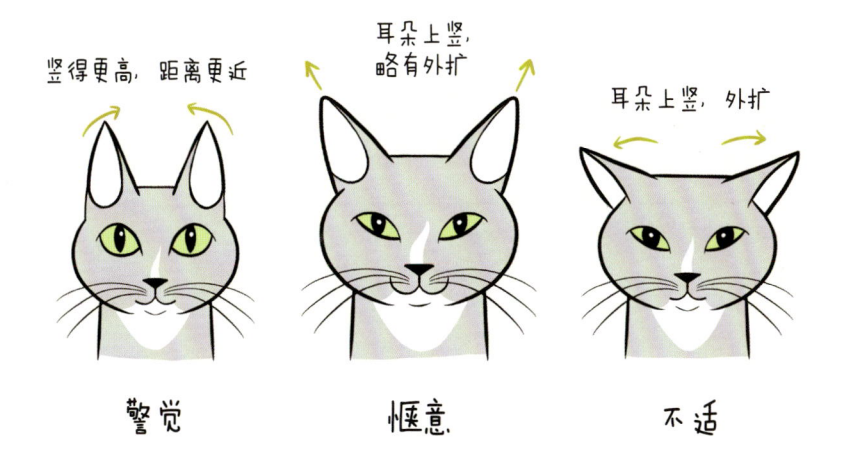

竖得更高,距离更近 — 警觉

耳朵上竖,略有外扩 — 惬意

耳朵上竖,外扩 — 不适

雷达耳

大多数猫的耳朵可以向各个方向转动：往两边分开、往中间靠近、向前、向后、向侧边以及任意组合。

视觉信号

- 耳孔朝任意方向迅速转动，然后改变方向
- 两只耳朵各自转动

你的猫咪此刻的感受或行为可能是

- "这儿有什么我应该注意的吗？"
- 分析不同声音的方向
- 确定声音的来源

观察猫咪耳朵的姿势和动作与它其他肢体语言变化的关系，可以让你了解猫咪此刻是感觉平静、好奇还是担心。

180度

房间扫描

一只耳朵转动

是的,我听到你的动静了.再见.

(休息)

转动的耳朵

又称旋耳、侧边耳或"乌贼耳"。

视觉信号

- 双耳保持转动
- 耳尖朝上或朝后（从正面看耳朵更窄小）

你的猫咪此刻的感受或行为可能是

- 不安
- 困惑
- 沮丧
- "情况不妙。"
- "我得警醒点！"

注意：耳朵朝外转动可能是你的猫正在同时倾听来自两侧的声音。你可以通过观察双耳保持这个姿势的时间来判断猫咪是否感到紧张。耳朵转动得越靠后，就说明猫咪越感到沮丧。如果双耳同时低垂，则表示猫咪感到恐惧。

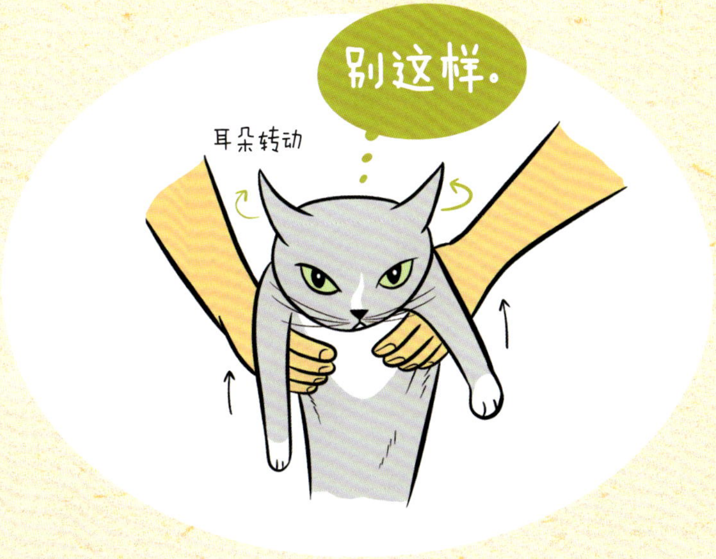
别这样。
耳朵转动

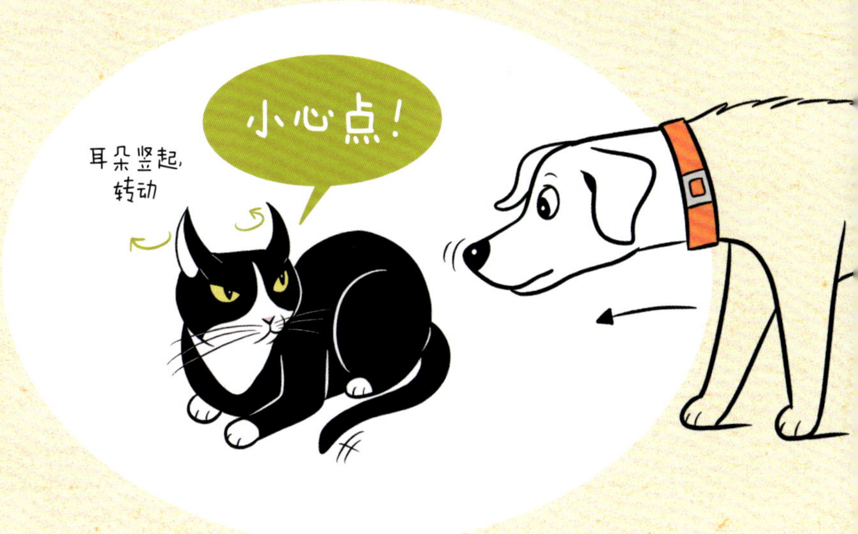
小心点！
耳朵竖起，
转动

扁平耳，
又名"飞机耳"

唉，不！

瞳孔扩大

蹲伏，头和四肢蜷缩

扁平耳

也称折叠耳、低垂耳、隐形耳。如果两耳耳尖像翅膀一样指向侧面或背面,叫作"飞机耳"。

视觉信号

- 耳朵呈扁平状,耳孔不可见
- 耳尖朝下或朝后

你的猫咪此刻的感受或行为可能是

- 害怕
- 焦虑
- 受困

双耳越扁平,恐惧感越强烈!

双耳非常扁平

哞哞哞!!!

别再靠近了!!

防卫姿势

了解差别

耳朵低垂

一般来说，当猫咪感到快乐和自信时，双耳会朝前竖起。当耳朵转动方向时，观察猫保持这种状态的时间长短和全身变化，就能知道它们是否感到紧张。

紧张

当猫咪躲起来或蹲得很低时，扁平耳让我们知道它们正感到不知所措或害怕。

只是保护耳朵而已

玩耍或打闹时，猫咪可能会垂低耳朵以保证安全。当被抚摸或梳理头顶毛时，它们也会将耳朵向外转动。

导航

小猫咪可能会压低双耳，以便顺利穿过狭窄空间。

紧张

- 耳朵低平
- 瞳孔扩大
- 垂头
- 蹲伏/躲藏

只是保护耳朵而已

- 耳朵扁平朝后
- 舔一舔
- 耳朵扁平

导航

- 耳朵扁平朝前

其他姿势的耳朵

有些品种的猫耳朵灵活程度有限——要么不能完全转动或放平,要么完全动不了。因此,要搞清楚你的猫感受如何,要观察它的全身动作。

距离远的
小耳朵

微微转动

双耳紧贴
(极小的动作)

警觉

耳朵距离很宽，总是朝向两侧

放松

耳朵总是向后卷

恐惧

耳朵总是扁平

兴奋

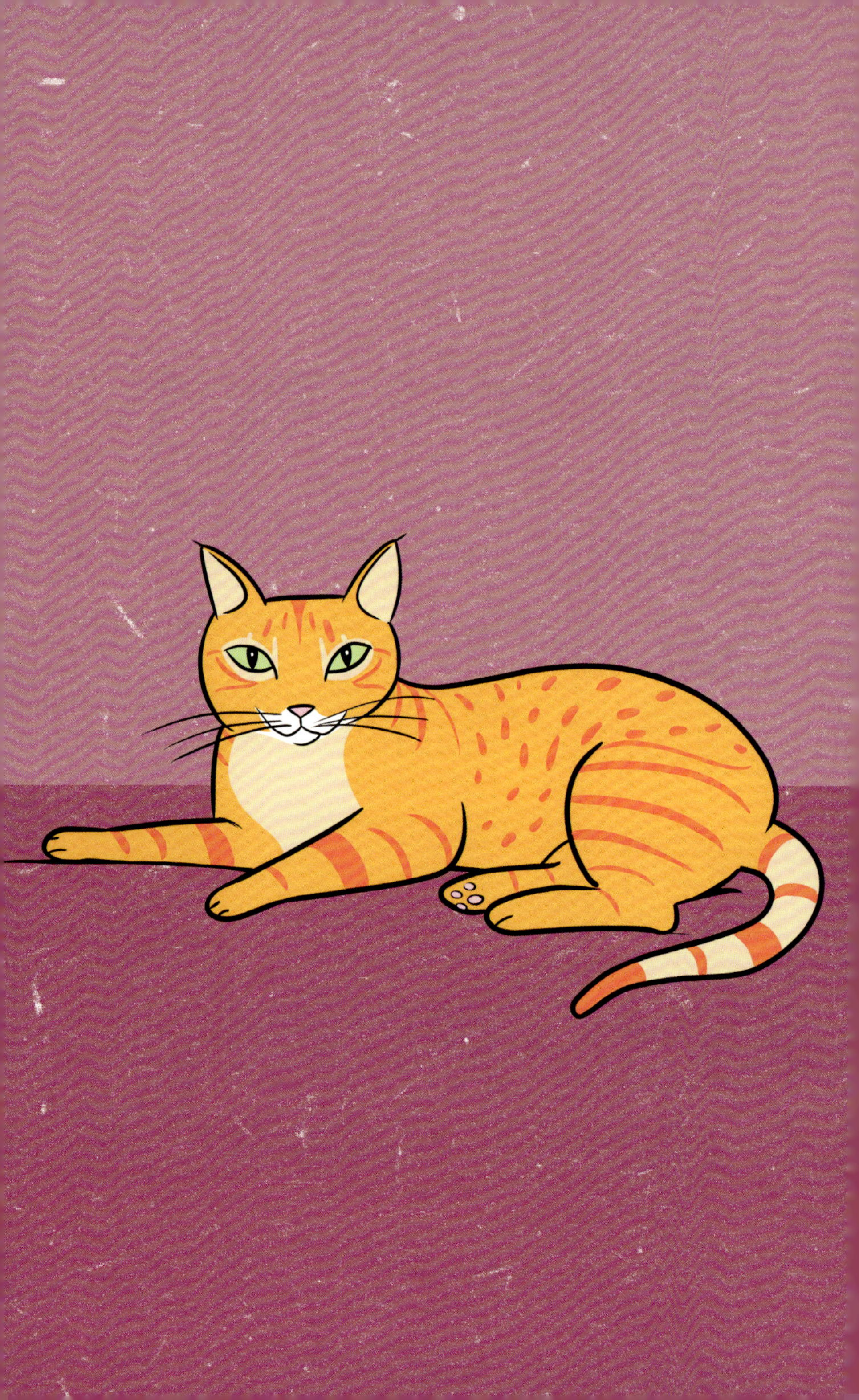

眼睛

猫总是在观察和了解周围的环境,包括观察我们对事物的反应。

缓慢眨眼

用眼神问候你。

轻柔缓慢地眨眼

猫的眼神温和代表着内心平静。

视觉信号

- 与猫咪的杏仁状或看似惺忪的眼睛对视
- 可能会困倦地缓慢眨眼睛

你的猫咪此刻的感受或行为可能是

- 舒服
- 友好
- 希望缓解紧张情绪
- "和你在一起挺不错。"
- 向其他猫咪或人类缓慢地眨眼回应

猫咪更擅长捕捉动作，而非关注细节。如果你的猫看起来像在目不转睛地盯着你，那可能是在观察房间里的动静，并不是在直勾勾地看你。

怒视或凝视

与温和的眼神相反,这是一种对抗行为。

视觉信号

- 长时间盯着另一只猫看
- 昂头,挺直身体
- 静止不动

你的猫咪此刻的感受或行为可能是

- 恼怒
- "这是我的地盘。"
- "别再靠近,否则的话……"
- 准备赶走另一只猫

注意:两只猫之间的对视可能会导致其中一只猫走开或两只猫发生冲突。观察两只猫在互动中的肢体语言,以便了解当前属于什么情况。(另见第87页的"示威")

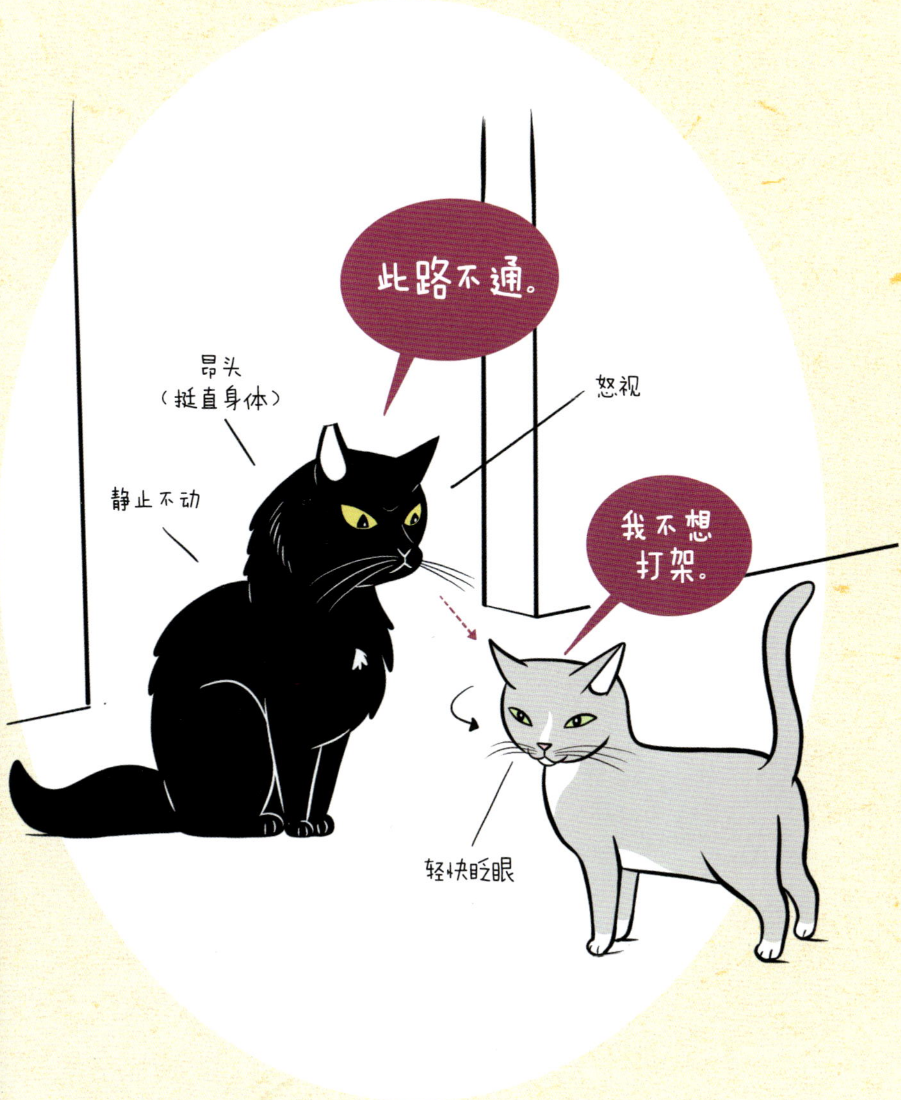
此路不通。
昂头
（挺直身体）
静止不动
怒视
我不想
打架。
轻快眨眼

昂头
（身体匍匐）

计算
目标距离

耳朵朝前

直视

胡须朝前

游戏式追捕时的凝视

通常紧随其后的是伏击或扑击动作。

视觉信号

- 专注地瞪大眼睛，盯着正在移动的小物件或小动物
- 警觉的耳朵（见第17页）
- 身体前半部分保持静止，后腿和尾巴有动作

你的猫咪此刻的感受或行为可能是

- 非常感兴趣
- 专注
- 玩追捕游戏的心情（见第133—135页）
- "我要抓住你！"

注意：猫捕捉动态目标的视觉能力很强，但很难将目光集中在视野约30厘米以内的目标上。（见第44页）

瞳孔大小

由于猫在明亮或全黑的环境下视力都不佳，因此，它们的瞳孔会随着光线条件变化而变化。猫正常的或处于中间值的瞳孔大小因个体而异。

瞳孔收缩

视觉信号

- 瞳孔看起来像一条狭窄的垂直缝隙

你的猫咪此刻的感受或行为可能是

- 需要在强光下看得更清楚
- 进一步聚焦以测量距离

太亮了!

光线强烈时……

瞳孔缩小

放松的面部和身体

兴奋

瞳孔放大

耳朵朝前竖起

哇!

瞳孔放大

视觉信号

- 瞳孔大而圆
- 瞳孔也可能迅速放大，然后恢复正常大小

你的猫咪此刻的感受或行为可能是

- 需要在弱光下看得更清楚
- 根据其他肢体语言和情境来判断，猫咪可能感到非常兴奋或非常害怕

注意：某些药物会导致猫的瞳孔大小发生变化。

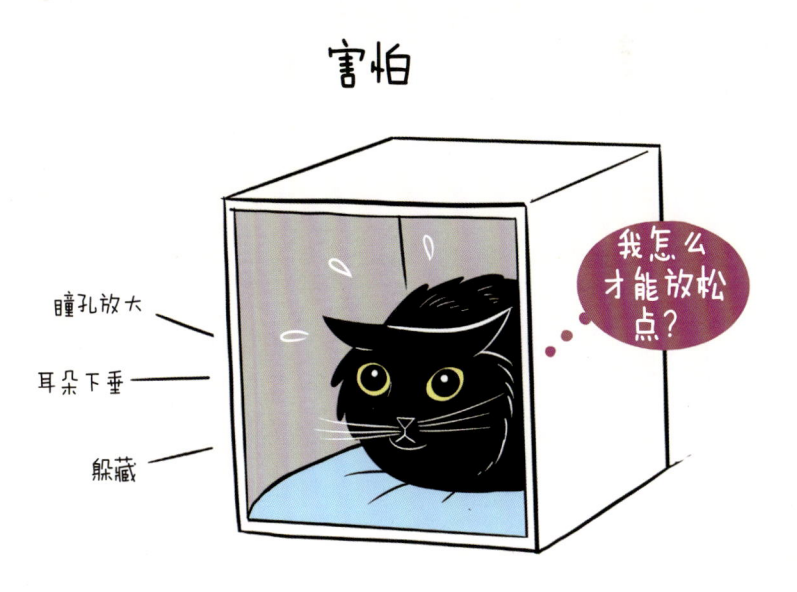

害怕

- 瞳孔放大
- 耳朵下垂
- 躲藏

我怎么才能放松点？

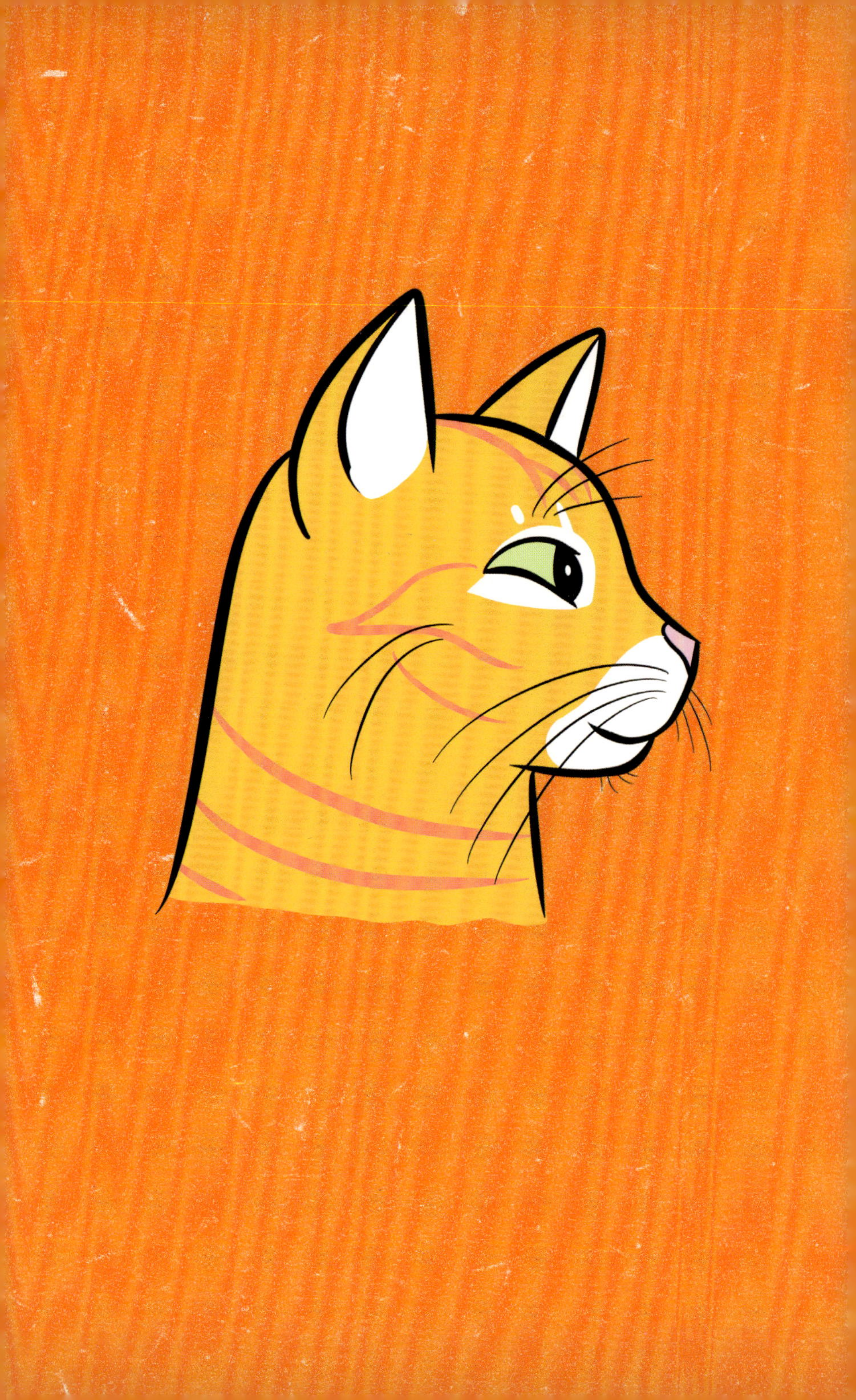

胡须

猫的胡须可能很难让我们注意到,但它的功能非常丰富。

松弛的胡须

对于大多数猫来说，松弛的胡须向两侧散开，略有下垂。胡须的结构因猫的品种而异。

猫面部胡须的毛囊上遍布血管和敏感的神经末梢，可以帮助它们：

- 探测气流的变化
- 测量狭窄空间，确认是否可以通行
- 当有东西靠得太近时，知道眨眼来保护眼睛
- 看清近距离的目标

胡须也可以表明猫咪此刻的感受和行为。

胡须向前散开

视觉信号

- 胡须向前散开,远离面部(当猫咪专注于某件事时)
- 嘴巴可能看起来鼓鼓的

你的猫咪此刻的感受或行为可能是

- 兴奋
- 好奇
- 测量与附近目标的距离(猫近距离视力不佳)

抓到你了!

距离
约30厘米以内

胡须
向前散开

胡须向后收拢

视觉信号

- 胡须向后平贴脸部，看起来像是收拢成一簇

你的猫咪此刻的感受或行为可能是

- 焦虑
- 不知所措
- "别碰我的胡子。"

有东西靠得太近时，猫也会向后收拢胡须来保护自己，以及避免胡须被触碰到。（见第129页，了解穗状胡须）

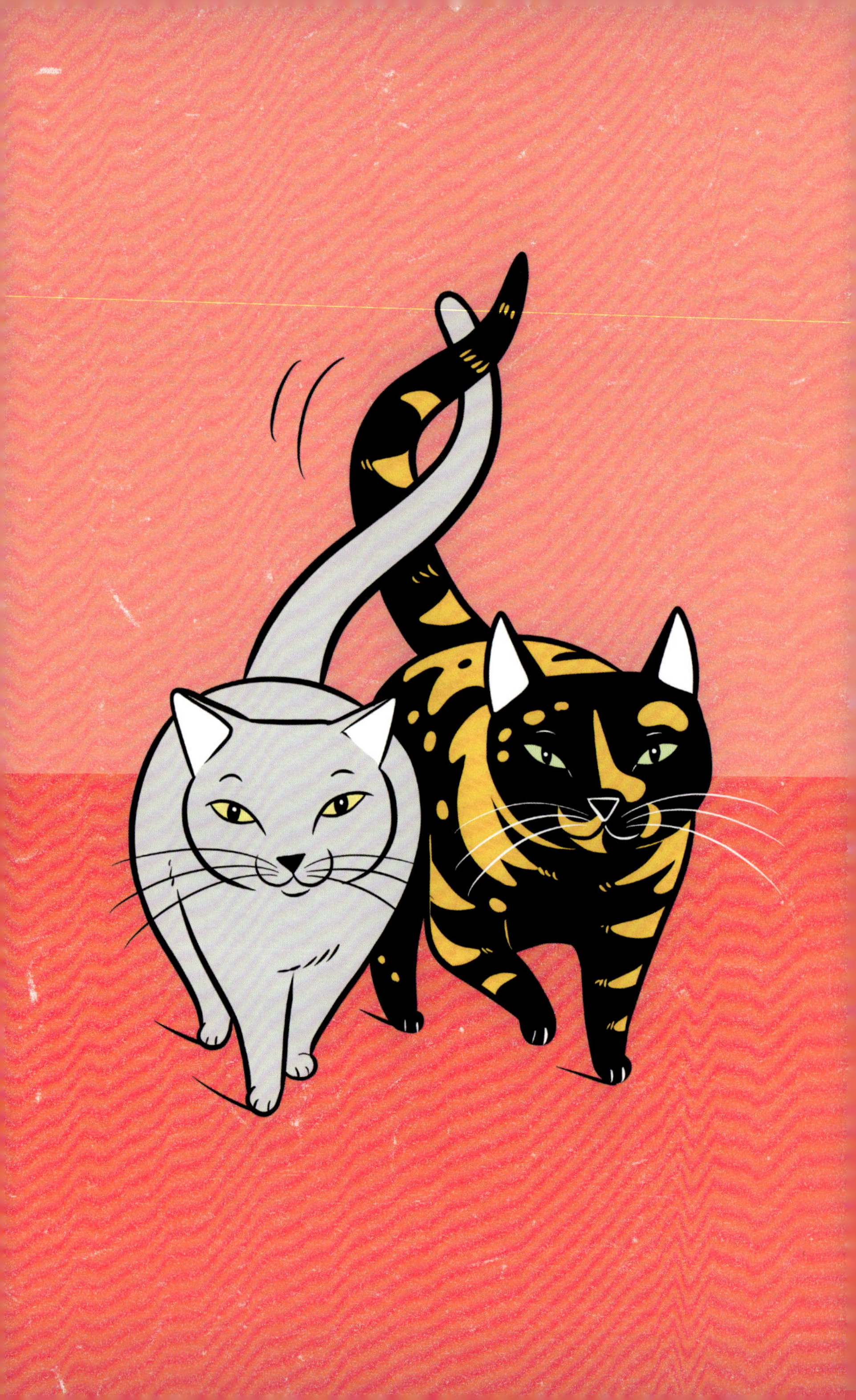

尾巴

猫在走动和攀爬时依靠尾巴保持平衡，但尾巴的位置和动作也能传达情绪。

放松，高

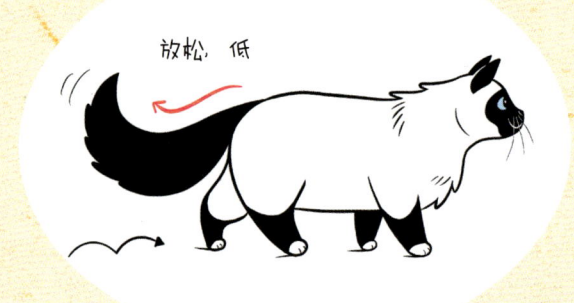

放松，低

放松，更低

放松的尾巴

视觉信号

- 每只猫在行动时,尾巴放松的方式都略有不同
- 轻微弯曲(并非僵硬或紧张)

你的猫咪此刻的感受或行为可能是

- "就随便逛逛!"
- 放松
- 没什么特别的困扰

放松的尾巴

尾巴上翘

视觉信号

- 尾巴垂直且蓬松
- 尾梢微微卷曲，形状像问号或拐杖糖果

你的猫咪此刻的感受或行为可能是

- 开心
- 自信
- 友好
- "我是和和气气来的。"（老远就能看到我的尾巴）
- "我想和你玩。"

勿与第60—63页的"蓬大的尾巴"混淆。

微微弯曲
（像个问号）

你好啊！

尾巴上翘

尾梢蓬松

你好！

震颤的尾巴

你的猫向别人打招呼时尾巴会震颤（不要与排尿行为前的震颤的尾巴混淆，见第9页）。

视觉信号

- 尾巴垂直，从根部开始震颤（不是甩动）

你的猫咪此刻的感受或行为可能是

- 开心
- 激动
- 超级兴奋或非常想要什么

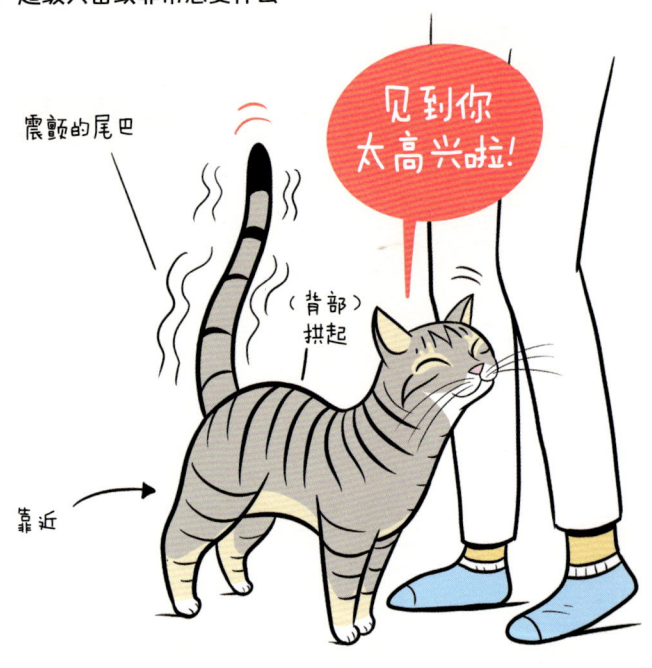

尾巴接触

视觉信号

- 尾巴接触或缠绕另一只猫的尾巴、身体或人的某一部位

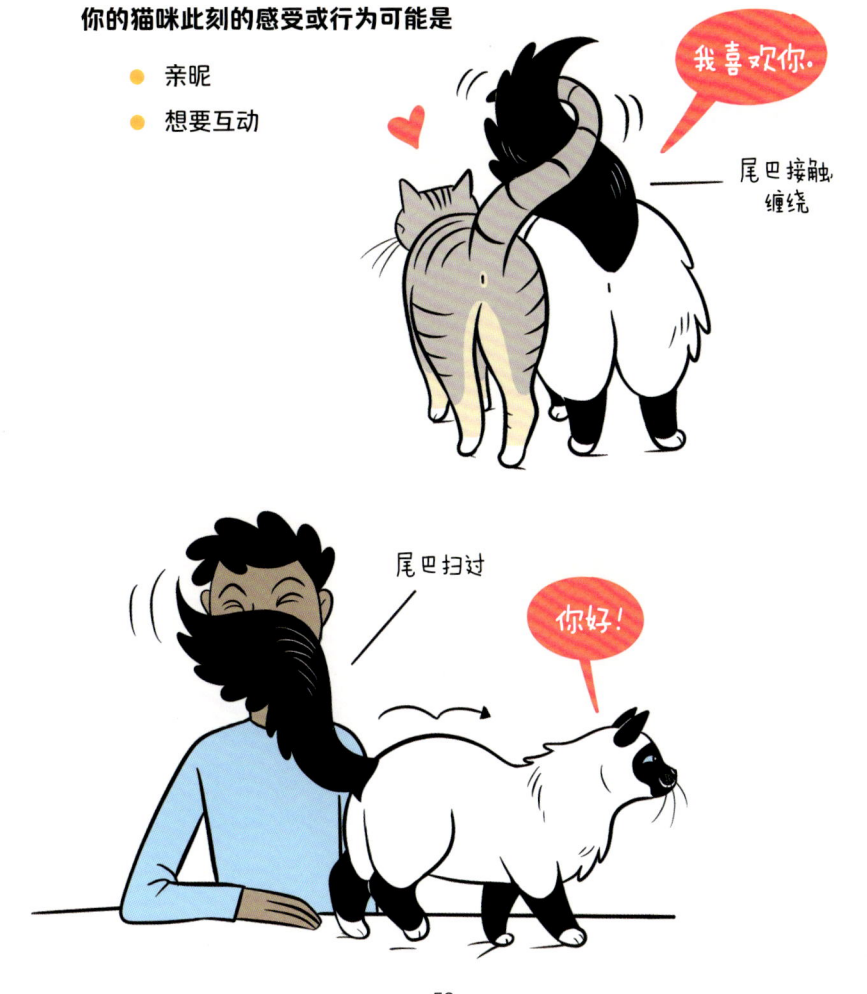

你的猫咪此刻的感受或行为可能是

- 亲昵
- 想要互动

僵硬的尾巴
（斜伸）

?

微微蹲伏

!!!

耳朵下垂，转动

尾巴朝下

耳朵更低更平

蹲得更低

尾巴缩在身体下面

紧张的尾巴

这种情况通常出现在猫咪跑开时。

视觉信号

- 尾巴僵直，斜伸
- 尾梢指向地面或缩在身体下面

你的猫咪此刻的感受或行为可能是

- 不确定
- 不安全
- 担心
- "我需要离开这里吗？"

摇尾巴

视觉信号

- 尾巴上半部分来回摇动或摆动

你的猫咪此刻的感受或行为可能是

- 投入当前情况
- "我太兴奋了!"
- 忙于处理周围环境的信息
- 专注
- 观察或等待某件事情的发生

尾巴的动作越大,猫的感受就越强烈。

闻着真香!

摆动的尾巴

警觉,观察

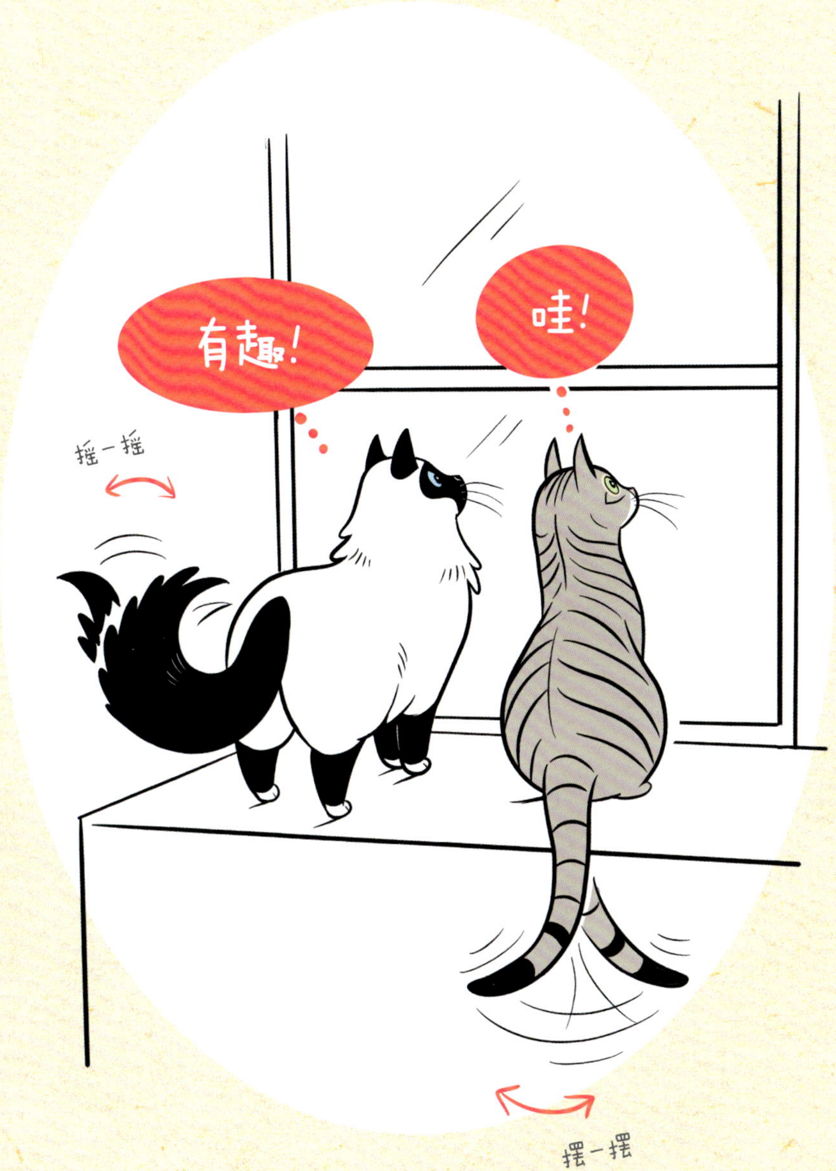
有趣！
哇！
摇一摇
摆一摆

甩尾巴

视觉信号

- 尾巴晃动或甩动——大幅度的摇摆、扇打或拍打动作

你的猫咪此刻的感受或行为可能是

- 不知所措
- 沮丧
- "受不了了！"
- "我现在放松不了。"

大幅度尾部动作可能标志着兴奋、烦躁或过度刺激，取决于具体情境。

天哪！
天哪！

尾巴
左右摇摆

专注地
盯着看

我受不了了。

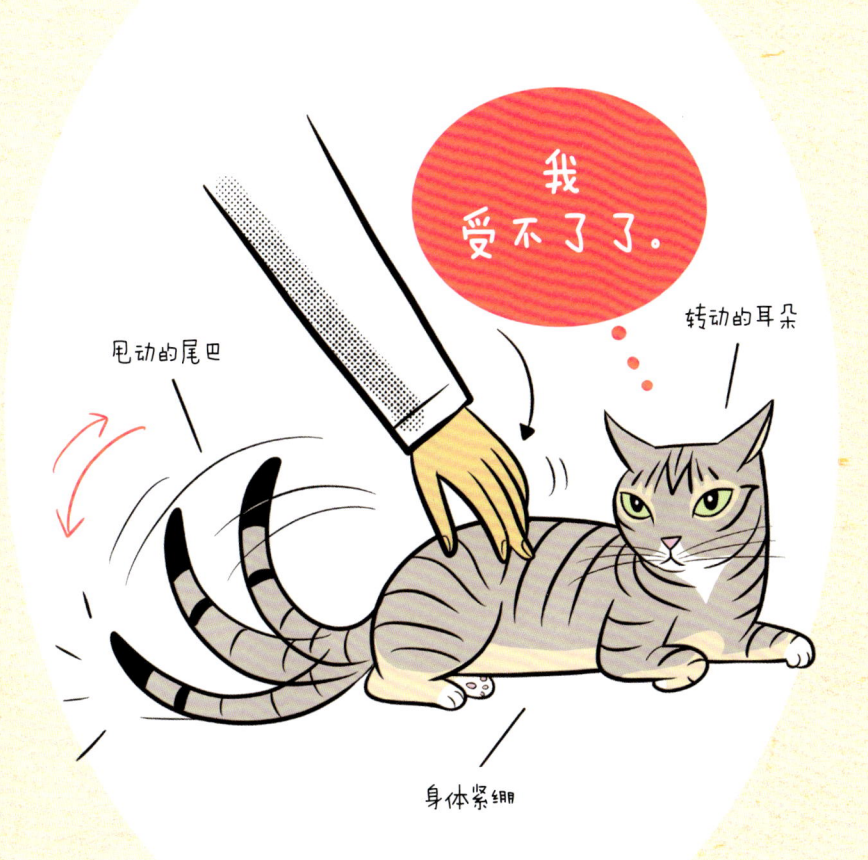

甩动的尾巴

转动的耳朵

身体紧绷

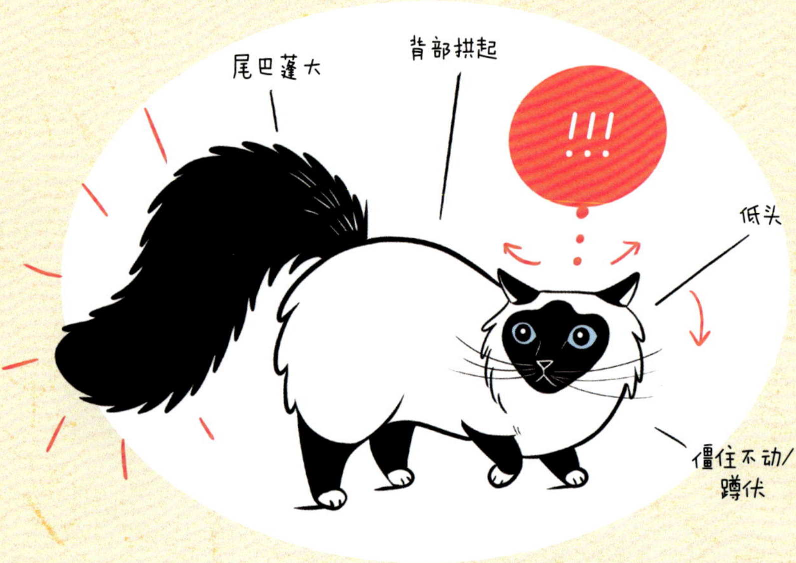
尾巴蓬大
背部拱起
!!!
低头
僵住不动/
蹲伏

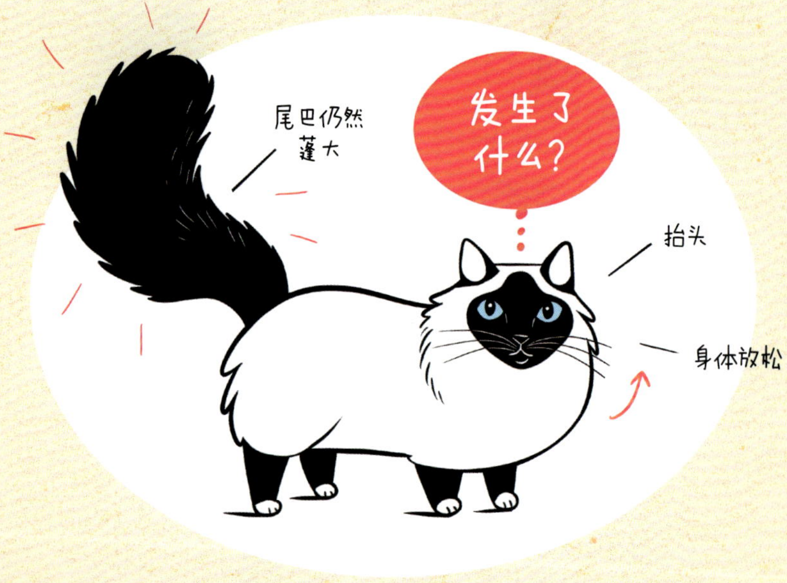
尾巴仍然
蓬大
发生了
什么?
抬头
身体放松

因受惊而蓬大的尾巴

观察猫的全身动作对于了解猫咪非常重要。

视觉信号

- 尾部毛发突然变得挺立、浓密或蓬大
- 当身体其他部位放松时，尾部仍然蓬大

你的猫咪此刻的感受或行为可能是

- 受惊
- 感到惊慌失措
- 正在从惊吓或干扰中恢复过来

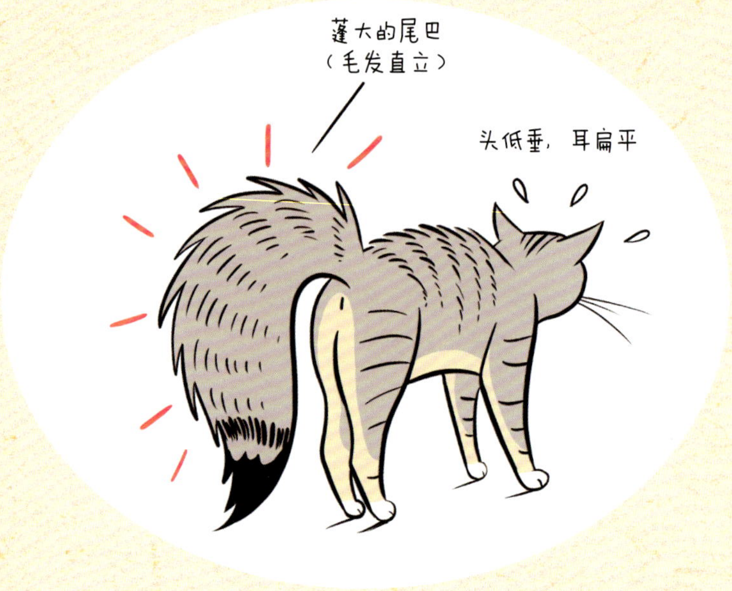
蓬大的尾巴
（毛发直立）
头低垂，耳扁平

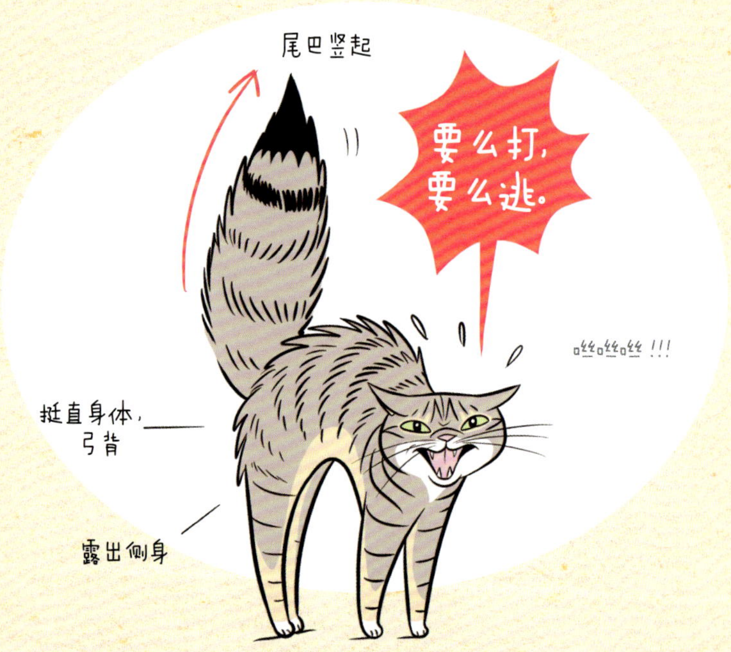
尾巴竖起
要么打，
要么逃。
嘶嘶嘶!!!
挺直身体，
弓背
露出侧身

因防卫而蓬大的尾巴

有时也被称为"瓶刷尾"或"圣诞树尾"。

视觉信号

- 尾巴蓬大——竖起或下垂
- 头低垂或缩回
- 面部和身体紧张
- 侧立,看似更高大

你的猫咪此刻的感受或行为可能是

- 恐惧
- 受困
- 防卫
- "走开!别再靠近了!"
- "进攻是最佳防守!"

另见第85页的"惊恐"。

其他状态的尾巴

猫的尾巴并不能说明一切,因此观察具体情境下的全身动作非常重要,尤其是对于短尾或无尾的猫而言。

舒服

短尾

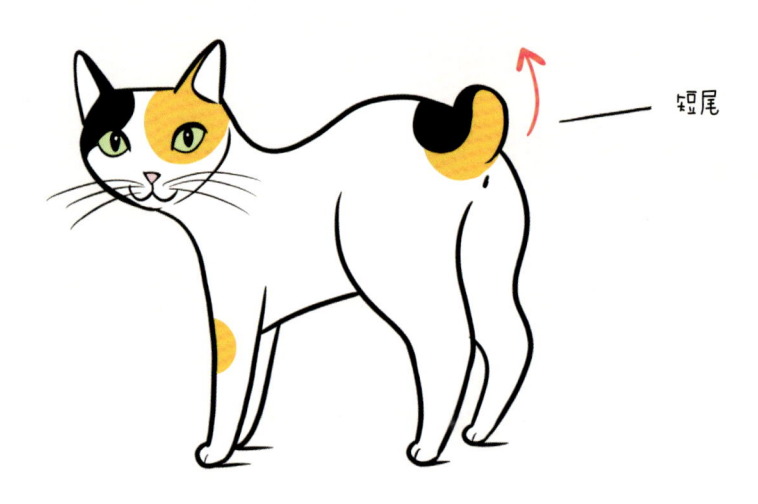

放松　　　警觉

蜷伏　　低头

短尾

不确定　　自信

无尾

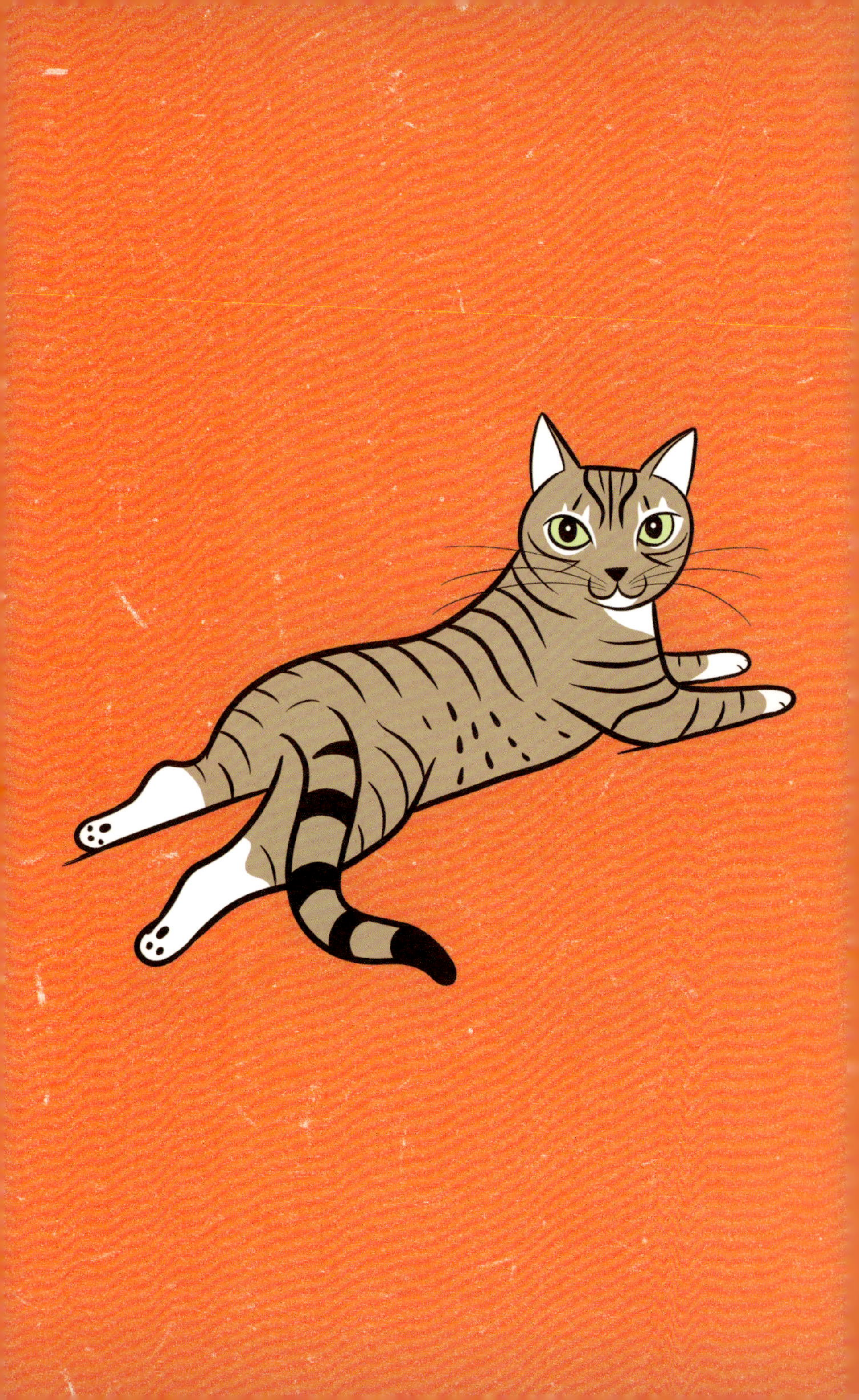

姿势

下面是一些考虑到全身动作的例子。

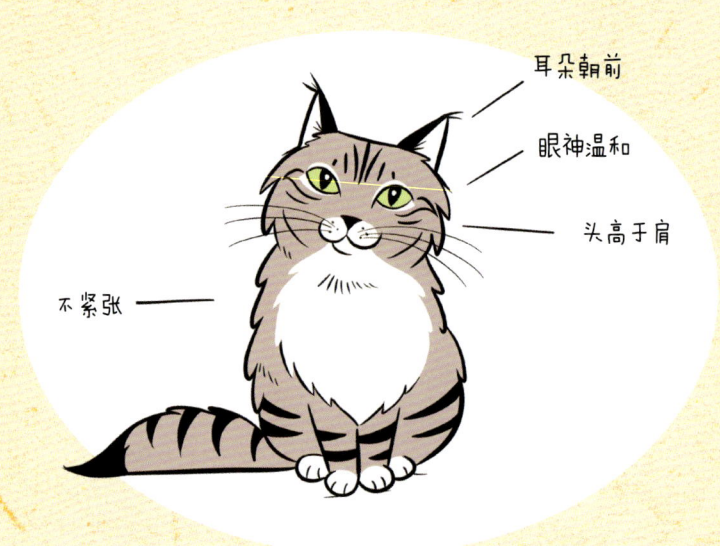

- 耳朵朝前
- 眼神温和
- 头高于肩
- 不紧张

- 耳朵朝前
- 眼神温和
- 身体舒展
- 肉垫着地

轻松惬意

猫咪身体放松时，看起来柔软灵活、行动轻盈。

视觉信号
- 面部和身体不紧张
- 动作流畅，不抽搐或僵硬
- 重心稳定

你的猫咪此刻的感受或行为可能是
- 轻松惬意
- "一切正常。"
- "就随便逛逛！"

注意：肉垫不着地的猫比肉垫着地的猫更放松。

姿势像一块条状面包

就打个盹儿。

爪子收起
（肉垫不着地）

惺忪睡眼

格外放松舒适

猫咪的身体越袒露或越舒展，说明它们越感到放松和舒适。猫咪还会用前爪揉捏主人的身体（另见第110页的"揉捏"）。

视觉信号

- 身体袒露的姿势——松弛或舒展
- 所有爪子（脚趾豆）外露，爪子离地
- 面部放松

你的猫咪此刻的感受或行为可能是

- 身体和环境令它们感到舒适
- 格外放松

太舒服啦！

脚趾和爪子张开

松弛和舒展

嘿……

袒露舒展的身体

爪子舒展

肚皮上翻

四只爪子离地

放松的表情

袒露和松软

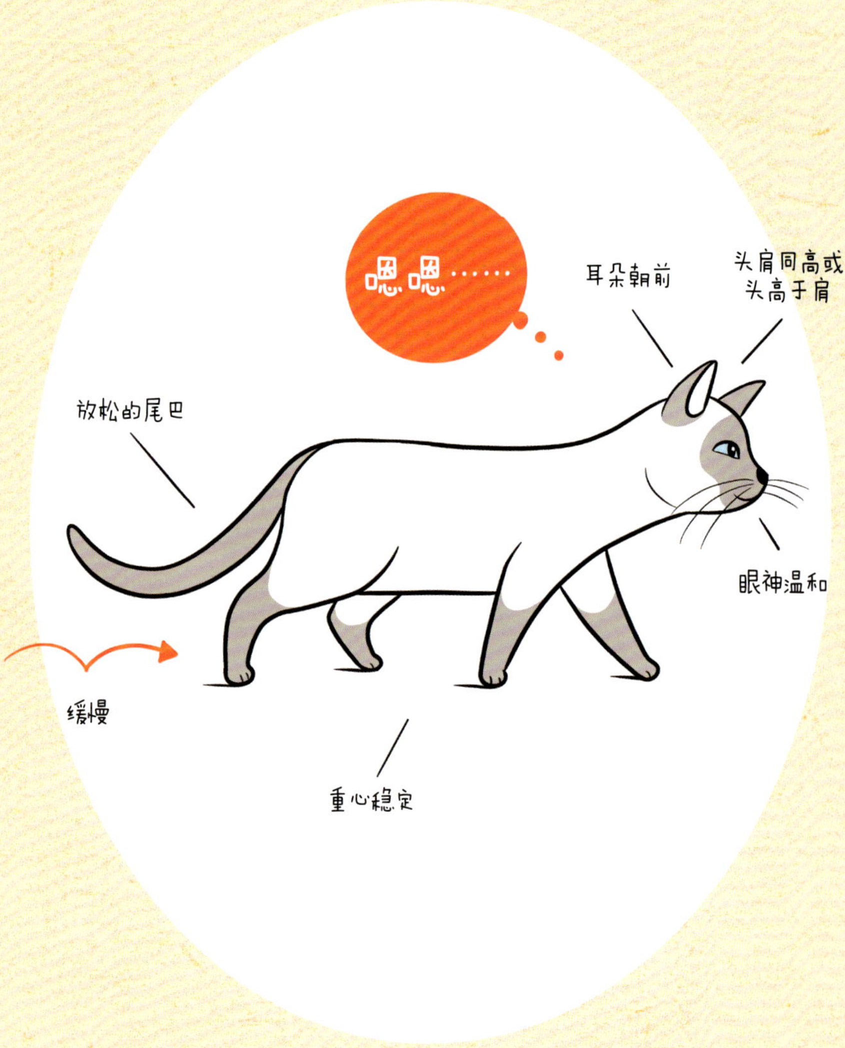
嗯嗯……
耳朵朝前
头肩同高或
头高于肩
放松的尾巴
眼神温和
缓慢
重心稳定

悠闲地活动

　　心情放松的猫咪从头到尾的动作都很流畅，身体没有任何紧张感。僵硬、不连贯或抽搐的动作则告诉你，猫咪可能正受到刺激、感到担忧或感到烦躁。

视觉信号

- 头肩同高或头高于肩
- 眼神温和，耳朵朝前
- 缓慢、慵懒的步调
- 尾巴放松——或高或低（因猫而异）

你的猫咪此刻的感受或行为可能是

- 好奇
- 没有特别专注于任何事情
- 环境舒适

注意：注意猫咪头与肩高的位置关系。头与肩相比，头越低，猫就越感到不自信或焦虑。

自信地活动

视觉信号

- 直接靠近
- 头肩同高或头高于肩
- 双耳朝前
- 尾巴翘高并微微卷曲（见第56—57页）

你的猫咪此刻的感受或行为可能是

- 开心
- 自信、舒适
- 友好

尾巴竖起（轻缓）

你好！

双耳朝前

头高于肩

靠近

迟 疑

猫的站姿或坐姿都可以体现迟疑感。

视觉信号

- 停止行动
- 头低于肩
- 微微蹲伏,四肢蜷缩

你的猫咪此刻的感受或行为可能是

- 迟疑
- 谨慎
- "前进还是后退?"

这不太一样。

尾巴放低

耳朵低垂/转动

头低于肩

微微蹲伏

这样感觉好多了!

抓抓

伸爪子

伸展

抓 挠
（物体表面）

抓挠是猫的基本需求。即使是被截肢（去爪）的猫也会试图抓挠。

视觉信号

- 在水平或垂直表面拖拉爪子
- 伸展身体

你的猫咪此刻的感受或行为可能是

- 愉悦、兴奋
- 寻求人的关注或照顾
- 需要缓解紧张情绪
- 指甲护理：去除指甲上的死皮或磨爪
- 好好舒展身体
- 释放信息素（另见第5—7页的"气味标记"）

什么情况？

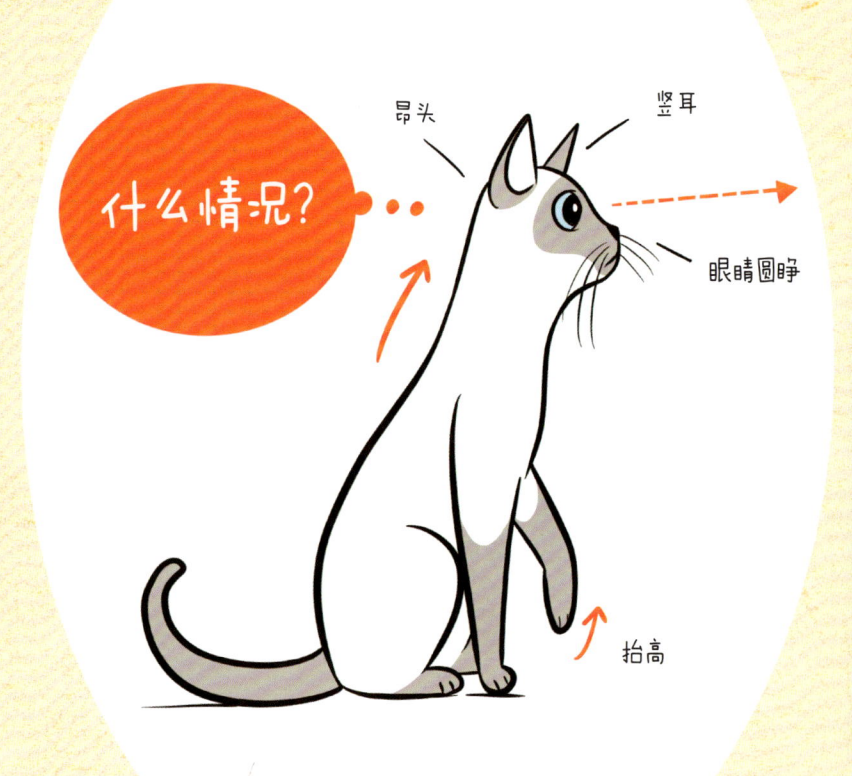

昂头

竖耳

眼睛圆睁

抬高

警觉与好奇

视觉信号

- 昂头
- 竖耳，眼睛圆睁
- 可能用后腿站立

你的猫咪此刻的感受或行为可能是

- 警觉、专注
- 略微紧张，但没到逃跑和躲藏的程度
- "我得了解更多信息。"

"我得再看清楚点。"

狐獴站姿

盯

后腿站立

专注地跟踪

视觉信号

- 全身贴近地面,脖子前伸
- 眼神聚焦,瞳孔可能会改变大小
- 等待和观察,或慢慢向前移动

你的猫咪此刻的感受或行为可能是

- 非常专注
- 正在计算距离
- "我要抓住你!"

另见第134—135页的"追捕游戏"。

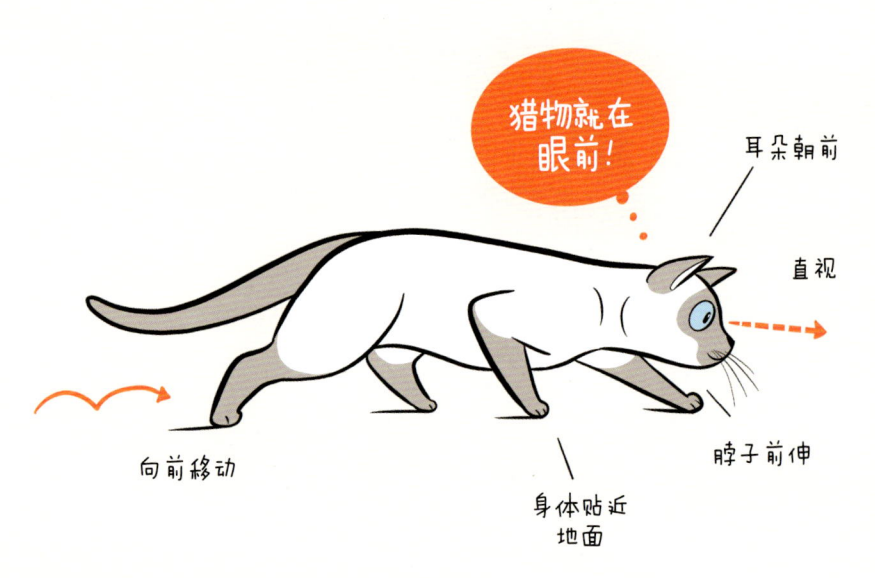

猎物就在眼前!

耳朵朝前

直视

向前移动

身体贴近地面

脖子前伸

焦 虑

视觉信号

- 贴近地面蹲伏，保持距离
- 尾巴低垂或蜷缩

你的猫咪此刻的感受或行为可能是

- 害怕
- 不安
- 预感到危险或不适
- 准备逃跑

准备逃跑！

动作紧张

双耳朝后或放平

瞳孔放大

整个身体紧贴地面

溜走

非常害怕

猫咪越害怕，就会把自己缩得越小或越扁。

视觉信号

- 蹲伏，头和四肢紧贴身体
- 四只爪子平放在地上
- 瞳孔放大

你的猫咪此刻的感受或行为可能是

- 恐惧
- 不安全
- "别看我。"
- "走开！"

一切都好可怕！

- 蹲伏
- 低头，蜷缩
- 双耳放平
- 瞳孔放大
- 胡须收拢
- 尾巴缩回或围住身体
- 所有爪子贴在地面上

防 卫

经常被误解为猫很"凶狠"。

视觉信号

- 身体下蹲，重心偏移
- 扬起爪子（准备挥爪）
- 双耳放平
- 可能会发出咝咝声、低吼或发出愤怒的呼噜声

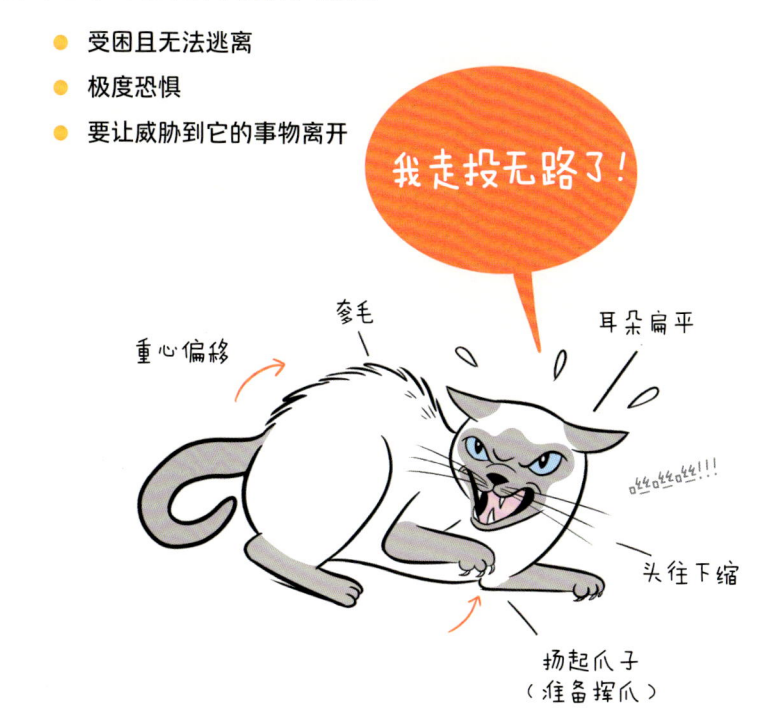

你的猫咪此刻的感受或行为可能是

- 受困且无法逃离
- 极度恐惧
- 要让威胁到它的事物离开

我走投无路了！

重心偏移　炸毛　耳朵扁平　头往下缩　扬起爪子（准备挥爪）

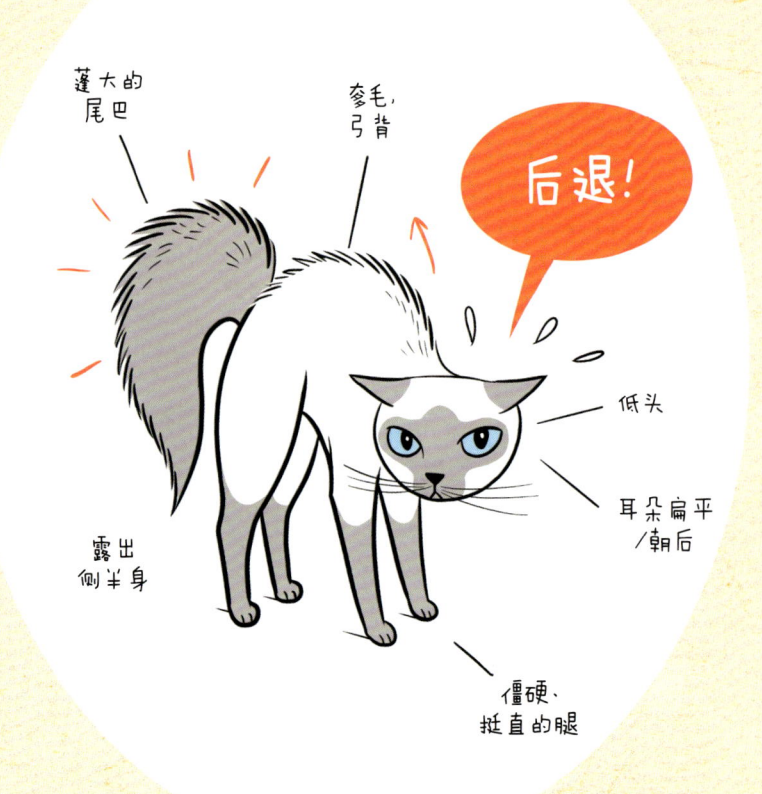

蓬大的
尾巴

竖毛,
弓背

后退!

低头

耳朵扁平
/朝后

露出
侧半身

僵硬、
挺直的腿

惊恐，身体耸高

通常被称为"万圣节猫咪姿势"（尾巴朝上或朝下），这种姿势经常被误解为"邪恶"或"凶狠"。

视觉信号

- 弓背，身体耸高且僵硬
- 低头或缩头
- 显露侧身
- 尾巴蓬大——低垂或竖起
- 可能发出咝咝声、低吼或发出愤怒的呼噜声

你的猫咪此刻的感受或行为可能是

- 受惊或恐惧，无处躲藏
- 受困
- "离开这里！"
- 准备反击
- 体型看起来尽可能庞大，以示警告

另见第88页的"弓背姿势"。

> 我会让你离开。

- 蓬大的尾巴（下垂）
- 炸毛
- 双耳竖起
- 昂头（脖子竖直）
- 怒视
- 僵硬、挺直的腿
- 紧张
- 显露侧身

示威，身体耸高

这种姿势通常是针对另一只猫，可以是站姿或坐姿。

视觉信号

- 身体挺高、僵硬
- 昂头，头高于肩
- 长时间紧盯
- 可能发出嗞嗞声或低吼声

你的猫咪此刻的感受或行为可能是

- 生气或恼怒
- 需要将另一只猫赶出这个区域
- "这是我的地盘。走开！"
- 准备攻击
- 根据另一只猫的反应，它可能会打架或撤退

另见第32页的"怒视或凝视"。

了解差别
弓背姿势

姿势相似，但动作不同！

消除威胁

当感到不安全时，猫咪会将背部高高拱起，以示防卫。它们的头垂得很低，动作也很紧张。

"我感觉很好"

如果全身松弛且放松，拱起背可能是大幅度地缓慢舒展身体的动作，也可能是友好的问候。

开始玩耍

猫咪如果做出侧身弹跳的动作，可能是在邀请你和它玩耍。

消除威胁：蓬大的尾巴

- 弓背，炸毛
- 头低垂，耳朵扁平
- 蓬大的尾巴
- 紧张
- 走开！

"我感觉很好"

- 抬头
- 弓背
- 感觉真好！
- 充分伸展（身体松弛）
- 伸直腿

开始玩耍

- 弓背
- 耳朵朝前
- 眼神温和
- 一起玩吗？
- 侧身跳跃/走路（蟹行）
- 蓬大的尾巴

喵——！

咪——呀！

哇！哇！

嗷——呜！

声音

家养的猫咪能发出一百多种不同的声音！以下是一些常见的声音。

咪！

嗷！

呼噜……呼噜……

生活真美好！

向前蹭

呼噜……呼噜……

不太好……

转头

呼噜声

听觉信号

- 闭口音,像有节奏的呼噜声

你的猫咪此刻的感受或行为可能是

- 惬意
- 在温暖和熟悉的环境中感到高兴
- 如果肢体语言表现出紧张或不安:身体不适,试图自我安抚,需要照顾
- 想要什么(通常是不同的音调)

颤音或啁啾声

听觉信号

- 闭口音，像是短促的颤音或啁啾声

你的猫咪此刻的感受或行为可能是

- 高兴地接近熟人
- 母猫呼唤小猫

尾巴竖起

咕咕咕？

靠近

眼神温和，耳朵朝前

咔咔声

视觉和听觉信号

- 嘴巴一张一合
- 发出类似颤动的咔咔声或鸟叫的声音

你的猫咪此刻的感受或行为可能是

- 兴奋
- 观察鸟类或其他小猎物

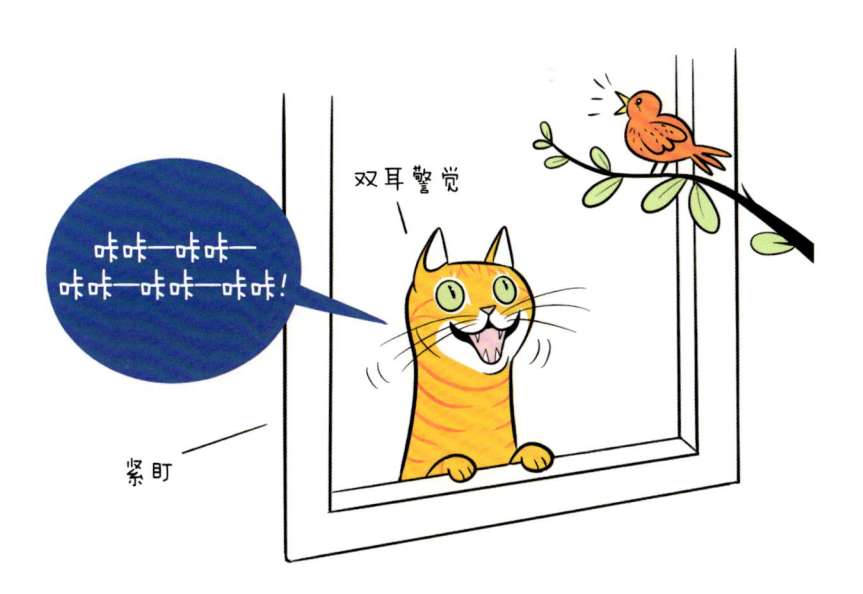

喵叫声

喵喵叫一般不是成年猫咪之间的交流方式。小奶猫向猫妈妈喵喵叫，成年猫向主人喵喵叫。

听觉信号

- 每只猫都有自己的一套不同音调的喵喵声来表达不同的需求

别忘了我的早饭！

喵嗷嗷嗷嗷……

喵！

我要去我的猫咪庭院！

喵呜

我够不到我的玩具。

呱呱！

吱吱！

你的猫咪此刻的感受或行为可能是

- "你好，打扰一下！打扰一下！"
- "请给我……"
- 沮丧或痛苦（通常音调不同——另见第99页的"号叫"）
- 请求食物、关注、抚摸或其他东西

猫重复使用自己的特定声音是因为这些声音获得了人类的回应。

呜啊！

哇哇哇！

呜嗷呜！

低吼、咝咝声和愤怒的呼噜声

视觉信号

- 紧张的肢体语言（另见第20页的"转动的耳朵"、第23页的"扁平耳"、第83页的"防卫"和第85页的"惊恐"）

你的猫咪此刻的感受或行为可能是

- 受惊、害怕、紧张，"走开！！！"
- "离我远点！！！"（具体含义取决于情境）

走开点！

哈！！！（咝！）

不！

咝咝！！！

号叫

也被称为"猫叫春声"。

听觉信号

- 长而低沉的喵喵叫或号叫

你的猫咪此刻的感受或行为可能是

- 痛苦、无聊或困惑
- 在不适的环境中表达痛苦
- 寻找人类
- 未绝育的猫在发情时会号叫

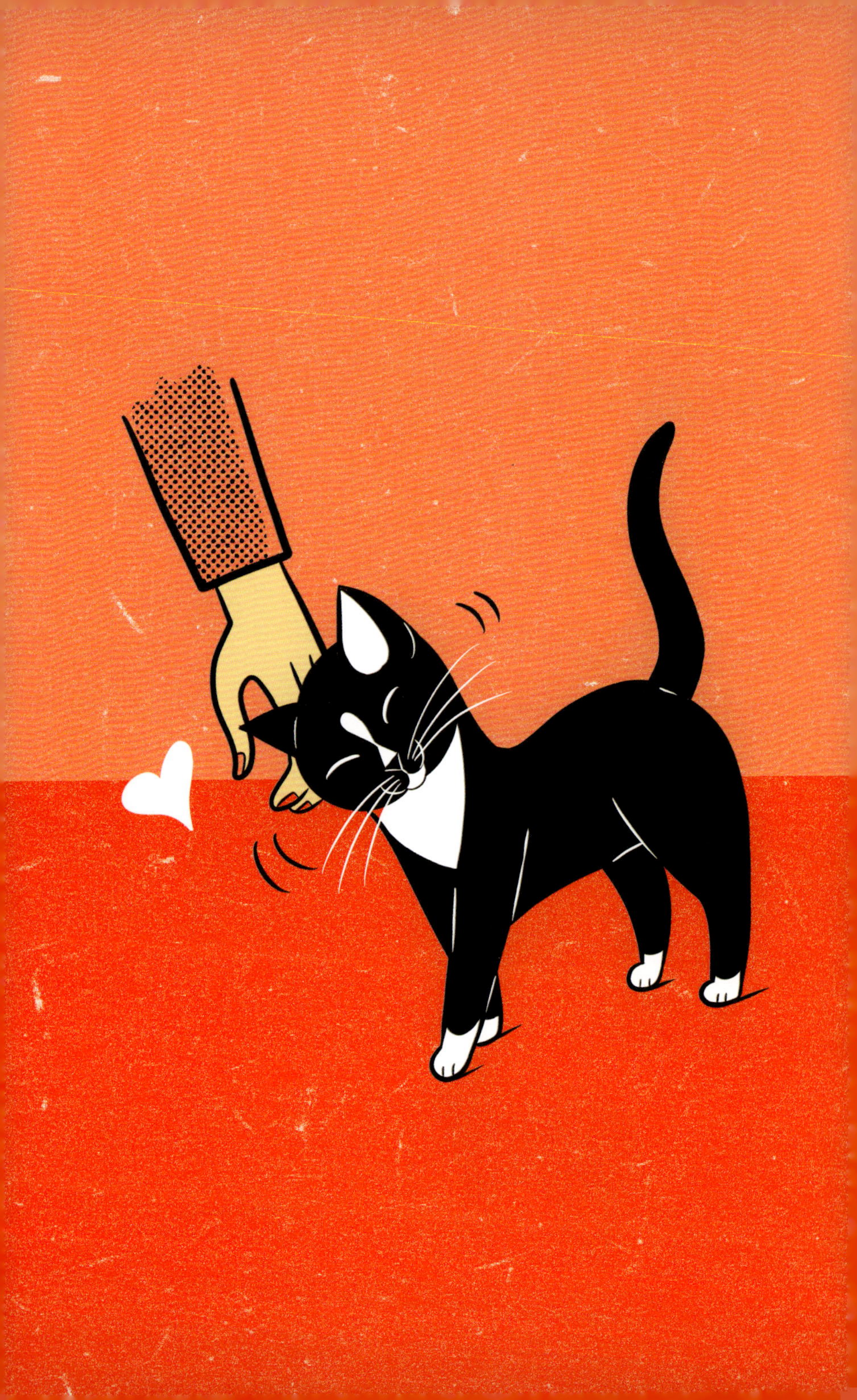

友好行为

下面的一些常见迹象表明你的猫想要社交，或者想亲近你、其他猫咪或其他人。

快乐问好!

这是向其他的猫或人打招呼。

视觉信号

- 竖着柔软的尾巴靠近
- 面部和身体放松
- 动作不紧张

你的猫咪此刻的感受或行为可能是

- 开心
- "我是和和气气来的!"
- "你好!"

"问号尾"

尾巴竖起

你好!

你好!

尾巴竖起

眼神温和,耳朵放松

蹭头蹭脸

又称"顶头"。有时也叫"碰头"或"撞头"。

视觉信号

- 用头顶或脸部摩擦人或物体(见第5页的"气味标记")

你的猫咪此刻的感受或行为可能是

- 亲昵
- 享受重逢
- "我喜欢你,我的朋友!"
- 更新群体气味

身体接触

视觉信号

- 触碰其他猫或人的身体（路过或休息时）
- 也可能触碰或交缠尾巴

你的猫咪此刻的感受或行为可能是

- 友好
- "我没有威胁。"
- "我们是一家人。"
- 享受重逢
- 更新群体气味

尾巴竖起

皮肤接触

你到家了！

身体/尾巴接触

碰鼻子

鼻子接触通常发生在已经成为朋友的猫咪之间。每只猫的肢体语言都会告诉你它和朋友相处的进展。

视觉信号

- 用自己的鼻子触碰另一只猫的鼻子

你的猫咪此刻的感受或行为可能是

- 友好
- 了解情况
- 打招呼

一切好吗?

翻转打滚

面部和身体放松
（动作流畅）

尾巴放松
（未颤动）

翻转打滚

也叫"社交滚"。一只猫可能会在其他猫面前翻转打滚,以确认它们之间一切正常,不会有任何冲突。

视觉信号

- 翻身并滚到侧面或背面
- 脸部和身体放松
- 轻柔、弯曲的身体动作

你的猫咪此刻的感受或行为可能是

- 友好
- 信任
- "你好吗?"

有时用于邀请另一只猫一起亲密玩耍(另见第136—137页的"社交游戏")。

了解差别
打滚，露出腹部

这种容易受伤的姿势常常被人类误解为猫咪在邀请人抚摸肚子。翻身背部着地的猫咪并非总是想要互动。

你好，我喜欢你！

当猫咪在不熟悉的人面前翻滚柔软的身体时，它们是在表示信任和友好。在另一只猫面前这么做，可能是在邀请一起玩耍。

防卫模式

如果出现压力信号和身体僵硬的情况，猫咪可能正准备用四只爪子保护自己。

猫薄荷反应

有些猫咪会对猫薄荷植物中的化学物质作出反应，在地上打滚（另见第13页的"猫薄荷反应"）。

你好，我喜欢你！

- 我们是朋友吗？
- 打滚，腹部袒露
- 身体弯曲伸展
- 耳朵朝前
- 爪子舒展

防卫模式

- 你敢吗？
- 紧张，腹部袒露
- 缩头（下巴缩到胸前）
- 耳朵朝后/扁平
- 脚掌抬起（爪子就位）

猫薄荷反应

- 我有了变化……
- 打滚，腹部袒露
- 蹭脸
- 面部和身体放松

揉 捏

经常被称为"做饼干/松饼/面团或踩奶",猫咪的这种行为通常发生在柔软的床上或人的身上。

视觉信号

- 用两只前爪有节奏地揉捏
- 可能会发出呼噜声和/或流口水

你的猫咪此刻的感受或行为可能是

- 亲昵
- 信任
- 舒适
- 释放压力
- 用爪子留下气味(另见第5—7页的"气味标记")

小奶猫在吃奶时会揉捏母猫的乳房以释放乳汁。

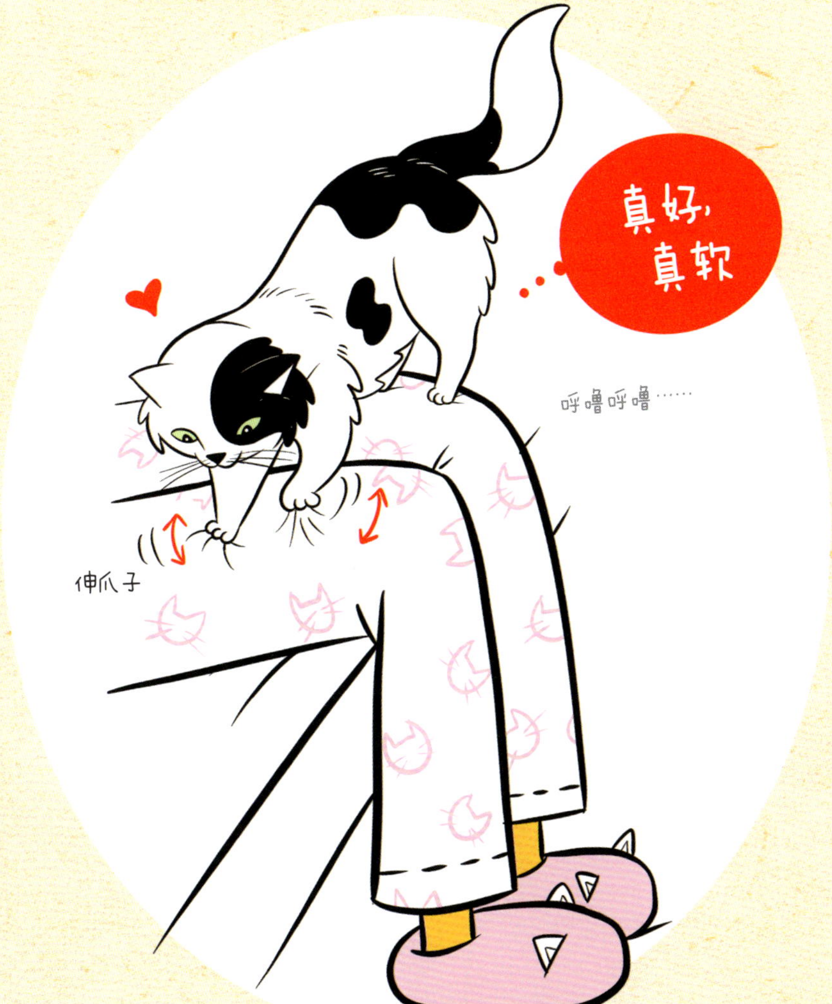
真好，真软
呼噜呼噜……
伸爪子

互相舔舐

也被称为"互相梳毛"或"社交性梳毛",是猫朋友之间的互动活动。

视觉信号

- 舔舐猫朋友的面部或头部
- 可能包括轻咬面部或颈部

你的猫咪此刻的感受或行为可能是

- 亲昵
- 友好
- 希望避免冲突
- 享受重逢

　　互相舔舐也可能导致猫咪恼怒。例如，当一只猫在舔另一只猫，而另一只猫不喜欢这样时，你可能会看到被舔的那只猫焦躁的肢体语言（例如甩尾、拍打等），意思是："够了。快停下！"

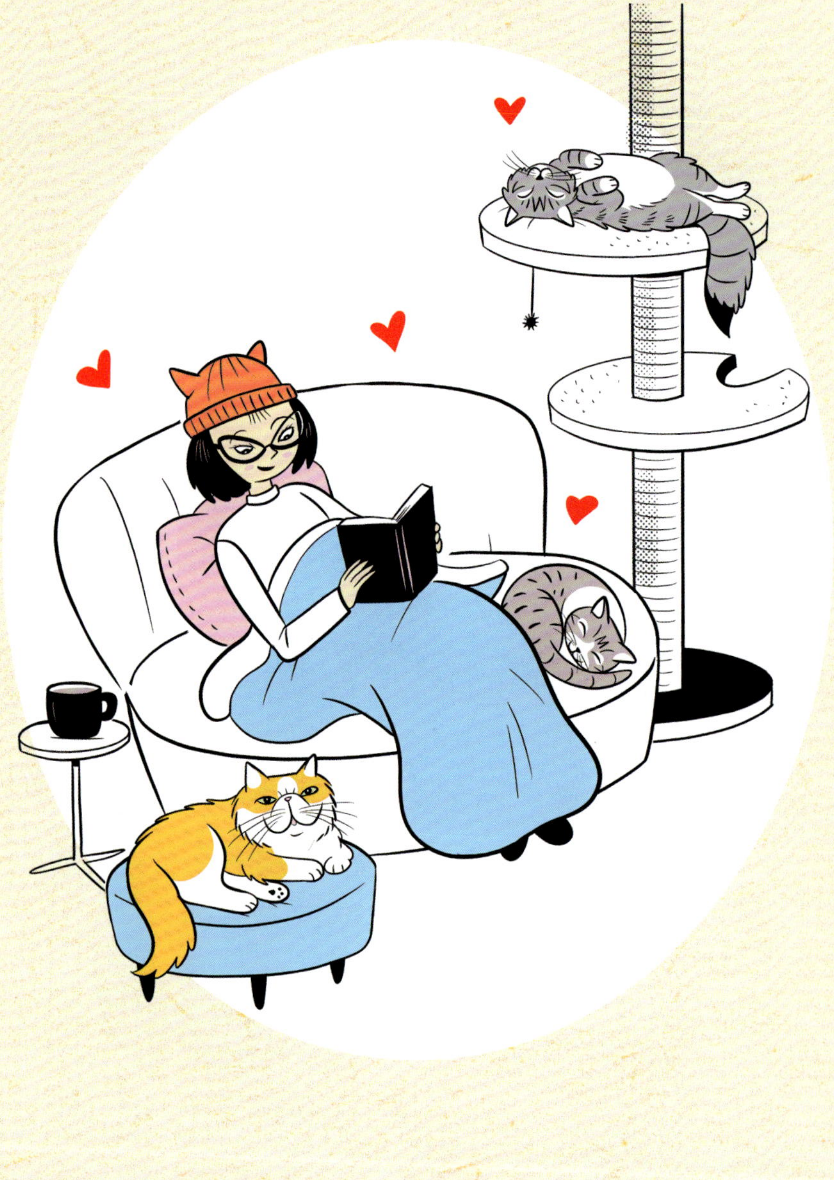

靠近

当多只猫咪同一时间出现在同一空间却没有接触（或没有索要接触）时，通常会被误解为冷漠。在猫的社交世界中，与其他猫咪和人类分享空间是一件大事。

视觉信号

- 即使没有身体接触，猫咪也会坐在其他猫或人附近，或在附近休息
- 放松的表情和身体

你的猫咪此刻的感受或行为可能是

- 舒服
- 惬意
- "我和家人在一起。"
- 享受群体气味

如果猫咪之间相互不喜欢但是被迫分享空间，那么它们不过是在无处可去的情况下相互容忍而已。在这种情况下，它们可能会自行保持特定距离，并展现出不那么放松的肢体语言。

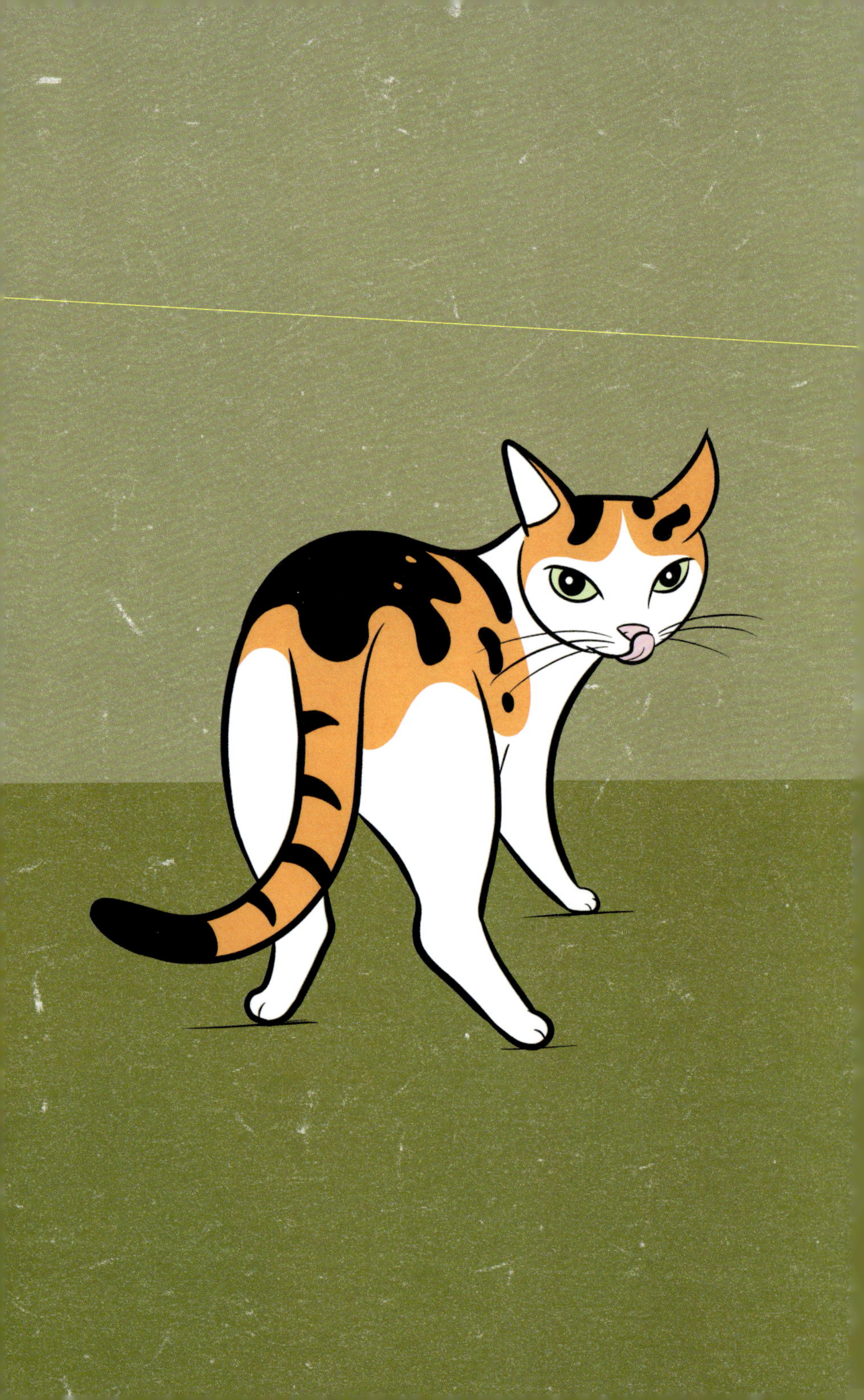

冲突或压力行为

当你的猫感到不安、犹豫不决或承受压力时,你可能会注意到以下行为。

转头看向别处

猫的这一行为常被误解为冷漠或不合群。

视觉信号

- 避免眼神接触或将头转向压力源以外的地方
- 头也可能短暂下垂,类似点了一下头

你的猫咪此刻的感受或行为可能是

- 不安
- "我需要一些空间。"
- 希望礼貌地打断或终止互动

舔 鼻

视觉信号

- 快速舔嘴唇或鼻子，然后吞咽（不要与进食后舔嘴唇混淆）

你的猫咪此刻的感受或行为可能是

- 不安，担忧
- 尴尬
- 需要缓解紧张

压力型梳毛或抓挠

自我梳毛是猫咪的日常活动，通常在猫咪进食后和睡前进行。压力型梳毛是猫咪因焦虑或冲突而做出的非正常行为。

视觉信号

- 正在做其他事情时突然舔舐自己
- 通常是快速舔几下腿、身体或尾巴根部

你的猫咪此刻的感受或行为可能是

- 焦虑
- 对情况不确定
- 需要释放压力
- 需要专注于其他事情

注意：猫长时间梳理身体的某个部位可能是疼痛或不适的征兆，尤其是当你发现猫咪身上出现红斑或秃斑时。

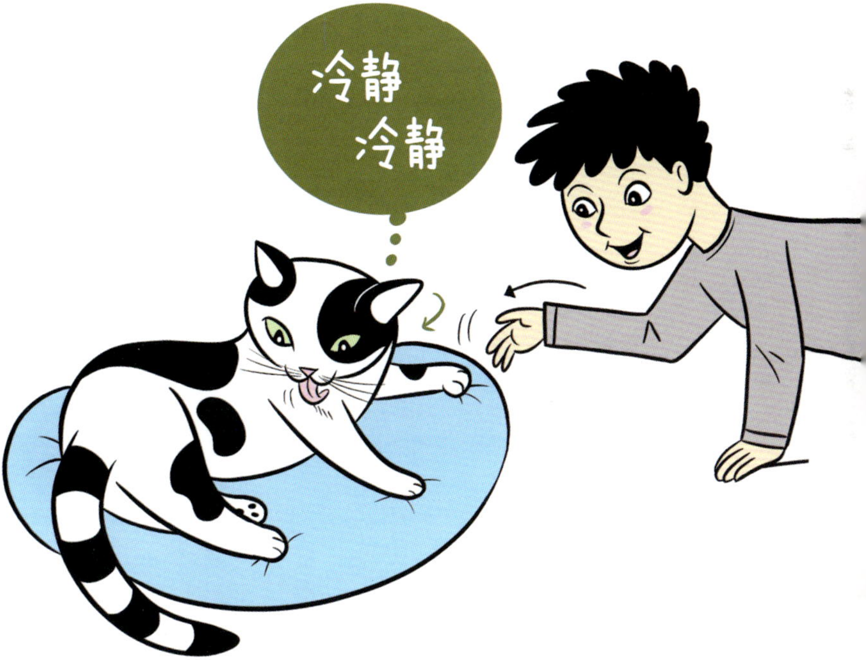
冷静
冷静

压力型哈欠

视觉信号

- 短促的哈欠
- 猫没有在休息，也没有困倦

你的猫咪此刻的感受或行为可能是

- 焦虑
- 不安
- 需要释放压力
- 需要避免冲突
- "情况太激烈了。"

我不想惹麻烦。

打哈欠

皮肤波动

视觉信号

- 被触摸时，猫背部皮肤或毛皮波动、翻动或抽动

你的猫咪此刻的感受或行为可能是

- 不适
- 烦躁
- 需要释放压力

注意：服用某些药物或接触猫薄荷、木天蓼和其他吸引猫咪的植物，可能会导致猫咪皮肤在没有任何触碰的情况下出现波动。猫超敏综合征是一种猫咪皮肤极度敏感的病症，当被触碰时，猫咪的皮肤会极度敏感并出现波动。

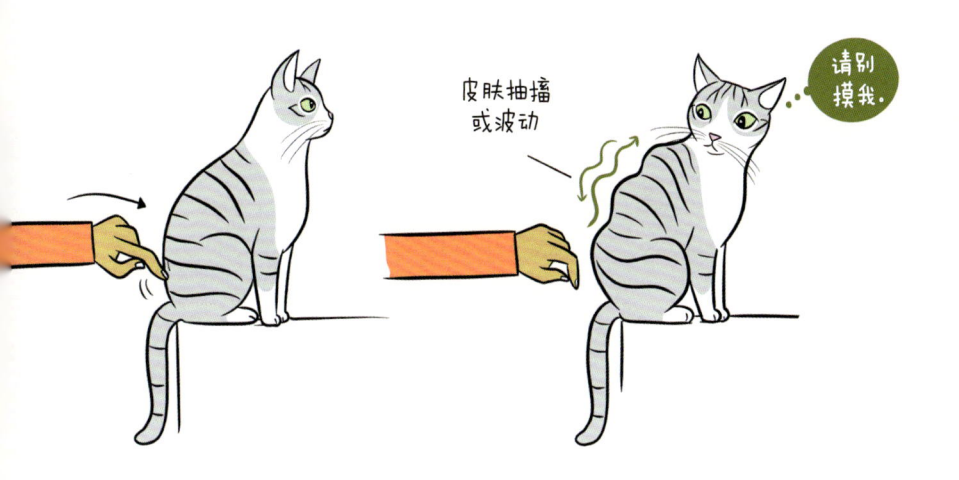

皮肤抽搐或波动

请别摸我.

抖 动

视觉信号

- 头或身体抖动（身体干燥时）

你的猫咪此刻的感受或行为可能是

- "够了，谢谢！"
- 释放压力
- 高强度体验（正面或负面）后释放压力情绪

注意：猫咪频繁摇头也可能是耳部感染的征兆。

喵！

抖一抖

躲藏

视觉信号

- 远离人的视线，无应答
- 如果无处可藏，将脸和身体紧紧缩进狭窄的角落里

你的猫咪此刻的感受可能是

- 紧张
- 不安或不适

注意：没有安全隐蔽的空间可以躲避，对猫咪来说比躲起来压力更大。

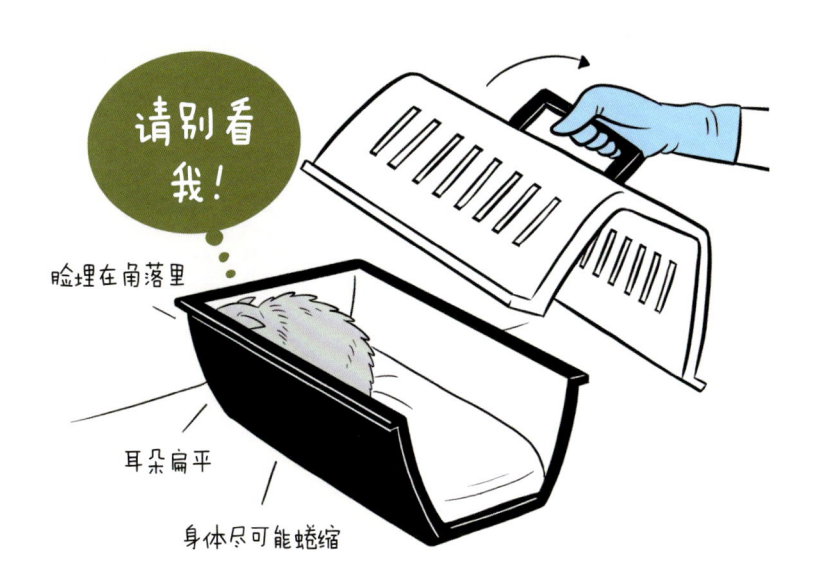

请别看我！

脸埋在角落里

耳朵扁平

身体尽可能蜷缩

飞奔

飞奔是释放压力的正常方式。

视觉信号

- 突然快速奔跑，几乎弹地而起
- 可能包括跳跃、攀爬、扑腾、喵喵叫、抓挠和啃咬

你的猫咪此刻的感受或行为可能是

- 压力释放
- 松口气
- 长时间睡眠或无聊后被压抑的能量得到释放
- 过度刺激

猫咪通常会在其自然清醒时间（黄昏和黎明）开始时以及排便后突然飞奔。

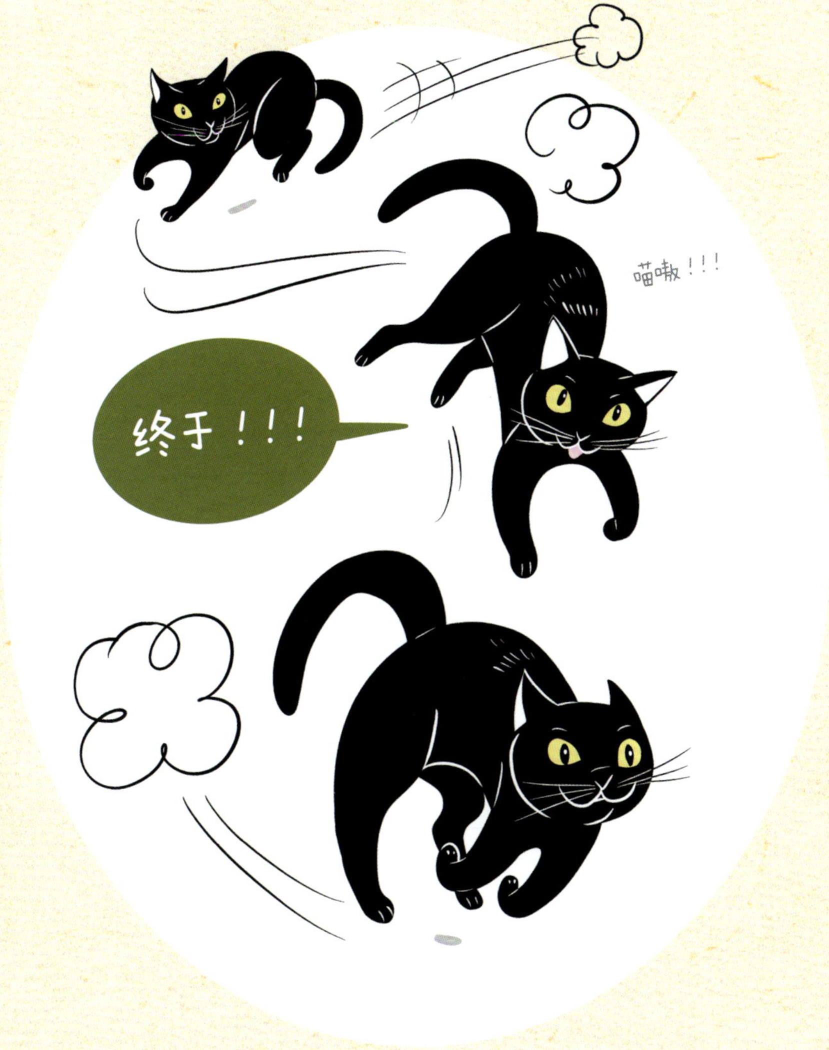
喵嗷！！！
终于！！！

装 睡

如果无处藏身，猫咪可能就会装睡。

视觉信号

- 蜷缩、蹲伏的姿势，不作回应
- 头缩进身体
- 眼睛半眯

你的猫咪此刻的感受或行为可能是

- 非常紧张
- 闭目养神
- "要是我看上去像是睡着了，他们也许就不会来打扰我了。"

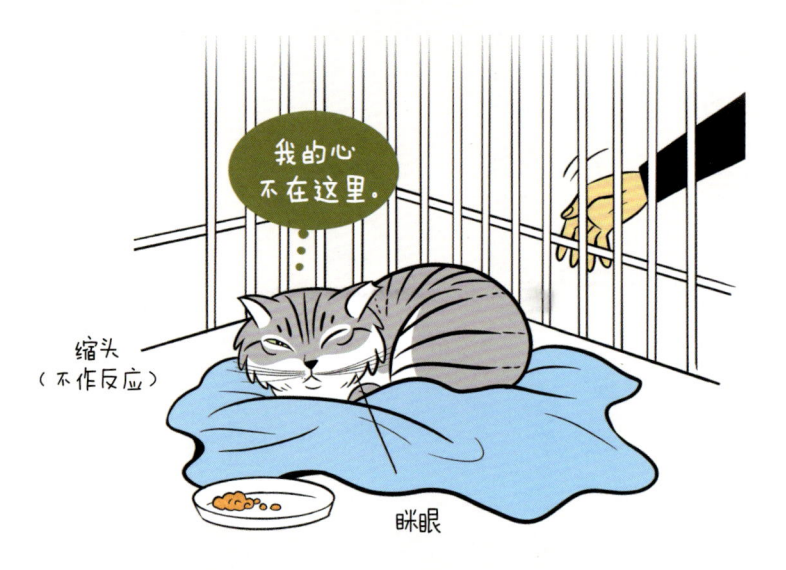

我的心不在这里。

缩头
（不作反应）

眯眼

痛苦脸

视觉信号

- 头缩到胸前
- 双耳耳尖相距远
- 眼睛眯成一条缝，避免眼神接触
- 胡须比正常时更直、更分散
- 嘴角向后伸展

你的猫咪此刻的感受可能是

- 某种程度的痛苦

注意：猫咪耳朵和胡须的中间状态因猫而异。

双耳远远分开

头低垂

我不舒服！

眯眼

嘴角向后

穗状胡须（须尖更加分散）

尾巴蜷缩

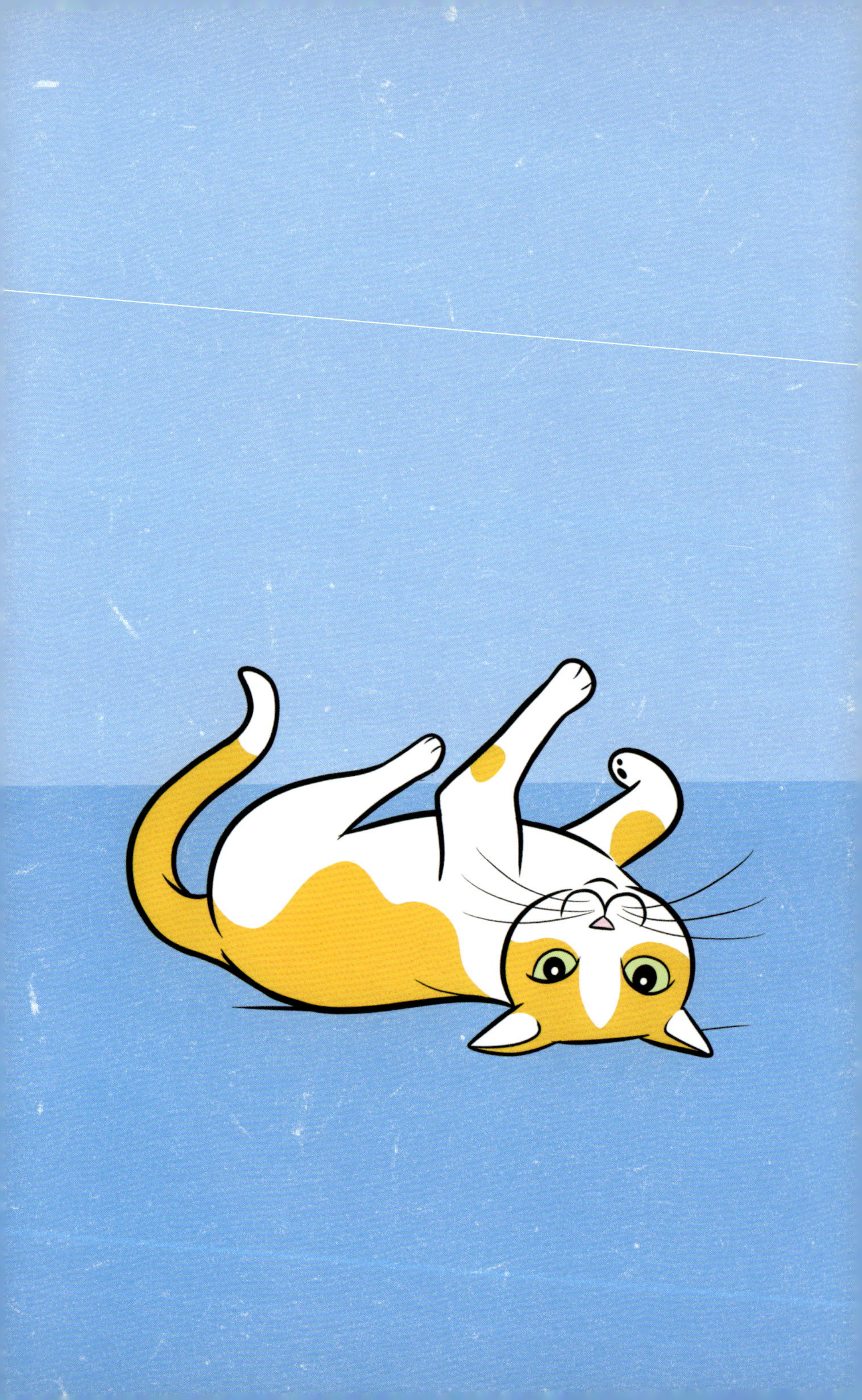

游戏

猫的世界里，有两种主要的游戏方式：追捕游戏（与小物体和猎物玩耍）和社交游戏（与猫朋友玩耍）。

追赶

扑击

掏、抛

抓取

追捕游戏

又称"捕食游戏""猎物游戏"和"客体游戏"。

追捕行为对猫的健康至关重要,也是生而为猫的重要部分。猫是孤独猎手,追捕游戏是猫独自进行的活动,游戏对象是小物件,包括靠人手移动的像猎物一样的玩具。追捕游戏对猫咪来说乐趣无穷,也是你增进与猫咪的感情并了解它们喜好的好方法。在追捕游戏中,猫咪会用爪子和牙齿与猎物互动。

随着年龄增长，猫咪花在"抓咬"上的时间变少，更喜欢"跟踪伏击"活动。

观察并等待……

摆动

伏击模式

跟踪伏击

- 极其专注于像猎物一样移动的物体
- 准备扑击

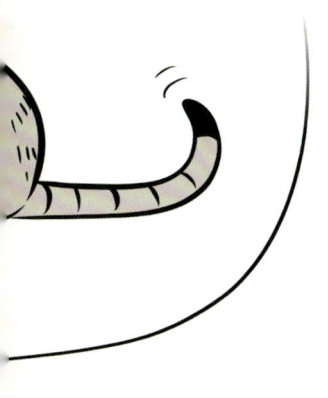

抓咬

- 掏和抛
- 拍打、抓取，握住……
- 用后爪刨（兔子蹬）
- 咬毙

抓咬！

击杀！

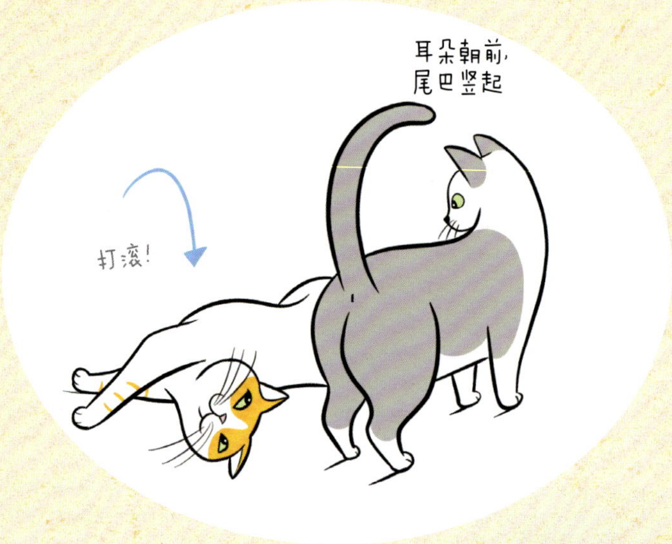
耳朵朝前，
尾巴竖起
打滚！

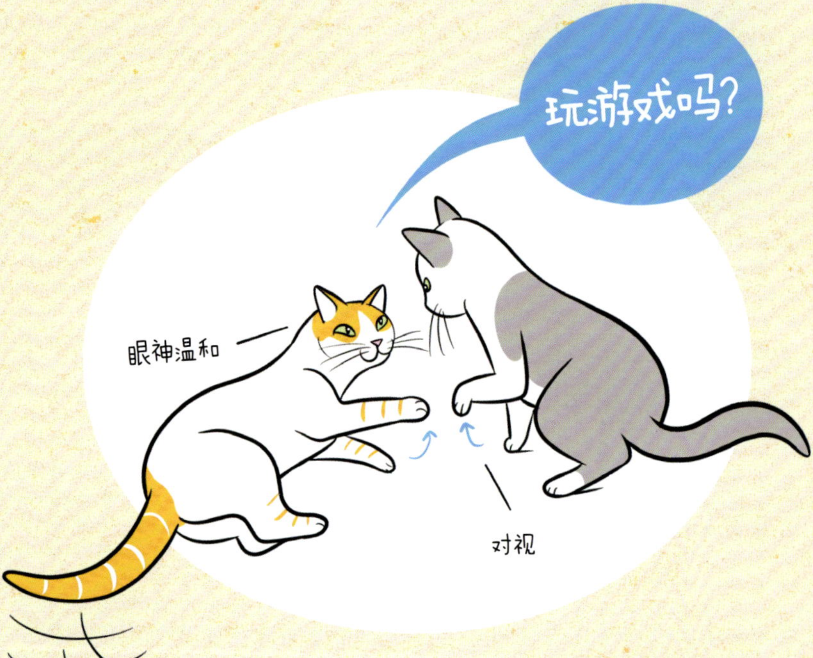
玩游戏吗？
眼神温和
对视

社交游戏

猫咪间的游戏很容易被误解为打架。两只猫在玩耍时,并不是严肃的"正式冲突"。它们粗暴的肢体语言看起来像是在攻击,但其实完全是在玩游戏。

视觉信号

- 对视
- 耳朵转动
- 弓背和蓬起的毛发
- 大幅度尾部动作

我们如何判断猫咪只是在玩游戏

- 大多数情况下安静无声（没有嗞嗞声、低吼或尖叫）
- 不伸爪子拍或扇——不疼或不会受伤
- 克制撕咬——不疼或不会受伤
- 猫交换上下位置
- 大量短暂停顿（另见第140页的"游戏暂停"）
- 任何一方都很容易离开，但它们选择返回或留在附近

在游戏时，这些都是非威胁性的信号，两只猫都会在附近等着行动，直到其中一只离开。爪子和牙齿的使用很克制，不会造成伤亡。平时，两只猫关系友好，会一起梳毛（见第112—113页的"互相舔舐"）。

踢！
踢！
踢！

游戏暂停

猫咪很容易分心,游戏过程中频繁暂停即表示猫双方均未感受到同伴的严重威胁。

视觉信号

- 短暂地看别的东西
- 短暂地舔舐或抓挠自己
- 短暂地转头或点头
- 短暂地停顿,眼睛轻眨

你的猫咪此刻的感受或行为可能是

- "怎么调整站位才能打赢?"
- 被其他东西分散了注意力
- 需要短暂的休息
- 重新评估,考虑下个招式

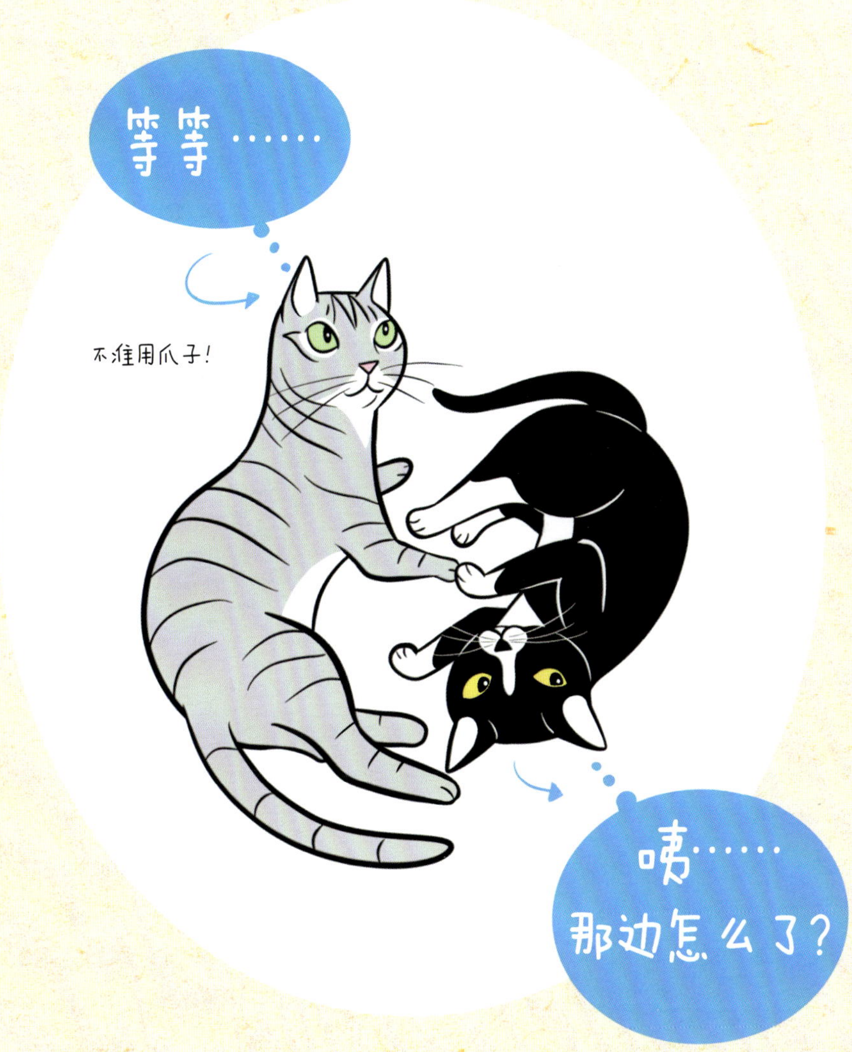
等等……
不准用爪子！
咦……
那边怎么了？

失去趣味时

有时,猫咪友好的游戏会变得过于激烈,进而演变成冲突。如果一只猫处于游戏追捕模式,而另一只猫处于被追捕状态,那么这种游戏就不再有趣了。

注意观察每只猫的肢体语言和动作,就能知道这是相互打闹的游戏,还是仅有一只玩得开心,或是它们真的在打斗。

快来玩吧!

我说了走开!

嘶嘶!!!

我们怎么判断是打斗或是只有一方玩得开心

视觉和听觉信号

- 嗞嗞声、低吼或尖叫
- 没有停顿的激烈过招（长时间对视、压力信号）
- 撕咬或拍打造成的疼痛或伤害
- 一只猫紧追不舍，另一只猫试图逃跑或离开后不再回来
- 在两只猫真正的打斗中，谁也无法轻易离开

真好玩.

喵呜！！！
喵呜！！！

疼！！！
我逃不掉了！

了解差别

拍 打

轻碰、拍打或扇打经常被误解为"具有攻击性"或"粗暴"的动作,因为猫咪有时会伸出爪子。要想知道到底发生了什么,就要注意猫咪动作前后发生了什么。

追捕游戏启动!

如果猫咪拍打东西,东西移动,猫咪想再拍一次……这只猫咪玩得很开心。

停下来

如果较微弱的沟通信息没有效果,猫咪可能会用爪子来阻止对方进一步的折磨。"够了,谢谢。"

意外收获

如果猫咪对某个物体感到好奇,它可能会用爪子去探究。这样做有时大有回报,比如获得人类的额外关注。

追捕游戏启动！

太好玩了！

停下来

我说了停下．

意外收获

哎呀！你看到我啦？

恭喜你

你现在已经迈出了读懂猫咪肢体语言的第一步。

如需了解更多有关猫咪行为学的信息,
请访问kittylanguagebook.com。

致 谢

我衷心感谢以下猫行为学顾问和科学家在本书写作过程中给予我的帮助。

- 卡罗琳·克雷维尔-夏博
- 米克尔·德尔加多博士
- 萨拉·杜格
- 萨拉·埃利斯博士
- 汉娜·伏原
- 艾玛·K.格里格博士
- 罗谢尔·瓜尔达多
- 朱莉亚·亨宁
- 杰奎琳·穆内拉
- 韦拉尼·宋博士
- 扎兹·托德博士
- 安德里亚·Y.图博士
- 梅琳达·特鲁布拉德-斯蒂普森
- 克里斯汀·维塔利博士

还要感谢十速出版社（Ten speed press）的出色团队——朱莉·贝内特、伊莎贝尔·吉奥弗雷迪、特里·德尔和丹·迈尔斯，是他们让这本书变得如此精美。

感谢我的经纪人莉莉·加赫里曼尼，她一直是我的坚强后盾。

感谢朋友和家人支持我并阅读初稿：纳森·朗、琳达·隆巴迪、索尔维·舒、凯蒂·斯科特、艾丽丝·汤、基姆·西、吴达德、克里斯塔·福斯特和爱德华多·J.费尔南德斯博士。

图书在版编目（CIP）数据

读懂猫咪的语言：一本给铲屎官的图解指南 /（马来）程丽莲著、绘；张璐译 . — 上海：上海三联书店，2024.9. — ISBN 978-7-5426-8626-8

I . S829.3-64

中国国家版本馆 CIP 数据核字第 20247P4C01 号

Kitty Language : An Illustrated Guide to Understanding Your Cat
Text and illustrations copyright © 2023 by Lili Chin
All rights reserved including the right of reproduction in whole or in part in any form.
This edition published by arrangement with Ten Speed Press,
an imprint of the Crown Publishing Group, a division of Penguin Random House LLC.
Simplified Chinese language copyright © 2024
by Phoenix-Power Cultural Development Co., Ltd.
All rights reserved.

本书中文简体版权归北京凤凰壹力文化发展有限公司所有，并授权上海三联书店有限公司出版发行。未经许可，请勿翻印。
著作权合同登记号　图字：10-2023-353 号

读懂猫咪的语言：一本给铲屎官的图解指南

著 绘 者／〔马来西亚〕程丽莲
译　　者／张　璐
责任编辑／王　建　樊　钰
特约编辑／夏家惠　吴月婵
装帧设计／字里行间设计工作室
监　　制／姚　军
出版发行／上海三联书店
　　　　　（200041）中国上海市静安区威海路 755 号 30 楼
联系电话／编辑部：021-22895517
　　　　　发行部：021-22895559
印　　刷／北京天恒嘉业印刷有限公司
版　　次／2024 年 9 月第 1 版
印　　次／2024 年 9 月第 1 次印刷
开　　本／889×1194　1/32
字　　数／66 千字
印　　张／5.25

ISBN 978-7-5426-8626-8／G・1735

定　价：59.80元